VLADIMIR BALCAN

PROPRIEDADES DA CONSTRUÇÃO DE BÖRÖCZKY

VLADIMIR BALCAN

PROPRIEDADES DA CONSTRUÇÃO DE BÖRÖCZKY

EM ESPAÇOS HIPERBÓLICOS DE ALTAS DIMENSÕES

ScienciaScripts

Imprint

Any brand names and product names mentioned in this book are subject to trademark, brand or patent protection and are trademarks or registered trademarks of their respective holders. The use of brand names, product names, common names, trade names, product descriptions etc. even without a particular marking in this work is in no way to be construed to mean that such names may be regarded as unrestricted in respect of trademark and brand protection legislation and could thus be used by anyone.

Cover image: www.ingimage.com

This book is a translation from the original published under ISBN 978-620-6-18141-5.

Publisher:
Sciencia Scripts
is a trademark of
Dodo Books Indian Ocean Ltd. and OmniScriptum S.R.L publishing group

120 High Road, East Finchley, London, N2 9ED, United Kingdom
Str. Armeneasca 28/1, office 1, Chisinau MD-2012, Republic of Moldova, Europe
Printed at: see last page
ISBN: 978-620-6-24376-2

VLADIMIR BALCAN

PROPRIEDADES DA CONSTRUÇÃO DE BÖRÖCZKY EM ESPAÇOS HIPERBÓLICOS DE ALTA DIMENSÃO

ÍNDICE DE CONTEÚDOS

Introdução

A organização deste trabalho é a seguinte. Nas secções 1 e 2, apresentamos as definições e noções utilizadas no trabalho, a secção de resultados, que descreve as principais conclusões do estudo. As secções 3,4,5 contêm resultados relativos a: *a) num espaço hiperbólico n-dimensional de dimensão $n \geq 2$, existem incontáveis tilings anisoédricos face-a-face (normais) por politopos congruentes, todos do mesmo tipo combinatório. Nenhum destes tilings pode ser transformado em face-a-face por rearranjo dos politopos; b) número contável de tilings isoédricos não-face-a-face do espaço hiperbólico de dimensão 3; c) existência de tilings isoédricos não-face-a-face no espaço hiperbólico de dimensão n , Λ^n $n \geq 2$ por poliedros congruentes não-compactos (cocompactos) de volume finito.* A secção 6 discute *a construção e a prova da existência de revestimentos anisoédricos e não face a face em espaços hiperbólicos de dimensão elevada (Λ^n $n \geq 2$).* As secções 7,8,9 discutem: *a) as propriedades das coberturas de Böröczky em espaços hiperbólicos de alta dimensão ($n \geq 2$); b) as afirmações gerais relativas a conjuntos de pontos de Delone(r, R) e coberturas de Delone; c) um limite superior para o número de faces de um n - mosaico hiperbólico dimensional; d) sobre as coroas em coberturas face-a-face e não-face-a-face de espaços hiperbólicos e apresenta o resumo e a direção futura do estudo.*

3

1. Resumo geral das formações não-euclidianas de K. Böröczky em n dimensões

Neste trabalho, Λ^n é o espaço hiperbólico n-dimensional ou o espaço euclidiano n-dimensional E^n, e o conjunto dos números inteiros positivos é N. Espaço hiperbólico (curvatura negativa constante) Λ^n (n é a dimensionalidade). De especial interesse são os "*tilings*" no espaço hiperbólico $n\Lambda^n$. É natural alargar o estudo dos problemas de ladrilhamento ao plano hiperbólico, bem como a espaços hiperbólicos de dimensão superior.

Vamos acordar alguma terminologia. Vamos considerar as decomposições de Λ^n em politopos convexos iguais. O mosaico do espaço hiperbólico n - dimensional Λ^n *diz-se normal (face-a-face)* se a intersecção de dois politopos quaisquer for vazia ou consistir numa face inteira. *Face a face* significa que os azulejos vizinhos se intersectam numa face de cada um deles. Em todos os outros casos, diz-se que o ladrilho não é face-a-face (não-normal). Note-se que na literatura russa a palavra *"normal"* é utilizada com um significado diferente, nomeadamente para indicar a propriedade a que chamamos "face-a-face". O grupo de simetria de uma telha é o grupo das isometrias que actuam como permutações nas peças da telha. Recorde-se que uma telha é chamada *isoedral* se o seu grupo de simetria actua transitivamente nos politopos. Neste caso, uma simetria significa qualquer isometria do espaço hiperbólico sobre si próprio. Em todos os outros casos, diz-se que a tiling é *não regular (anisoédrica)*. Em geometria, diz-se que uma forma é anisohedral se admite uma tiling mas nenhuma tiling é isoedral (tile-transitive).

Neste trabalho, consideramos os tilings de Karoly Böröczky num espaço hiperbólico de dimensão arbitrária e estudamos algumas propriedades desta construção de Böröczky. Em 1974, K. Böröczky publicou uma construção de empilhamentos do plano hiperbólico Λ^2 por um único protótipo (ver Figura 6). Em palavras simples, a construção é a seguinte. Comecemos por descrevê-la para o espaço 3 hiperbólico Λ^3. Consideremos um conjunto de horosferas concêntricas, em que horosferas consecutivas têm igual distância. Cada horosfera é conforme ao plano euclidiano R^2. Assim, considere-se uma partição de cada horosfera no mosaico canónico (referente ao quadrado unitário padrão - no centro da construção) de R^2 por quadrados unitários geodésicos. Erguer sobre cada quadrado geodésico um prisma, de modo a que o topo do prisma seja constituído por quatro quadrados geodésicos da camada seguinte. Obtém-se assim um mosaico do *espaço 3 hiperbólico* Λ^3, em que cada mosaico tem quatro mosaicos (quadrados geodésicos) no seu topo. Estas "camadas poliédricas" encaixam umas nas outras e produzem o mosaico de Böröczky de todo o espaço tridimensional hiperbólico, anisoedricamente e face a face. Esta construção pode ser alargada a qualquer dimensão, dando origem a mosaicos do espaço hiperbólico $n \Lambda^n$.

Este trabalho tem por objetivo apresentar uma panorâmica geral das coberturas não face a face (não normais) no espaço hiperbólico de dimensão arbitrária, em particular uma análise das coberturas anisoédricas (se um protótipo admitir uma coberta monoédrica) (famílias de coberturas de Böröczky) e algumas consequências úteis das construções propostas. Mostrará que a tiling de Böröczky tem uma propriedade notável: com a sua ajuda, é fácil construir exemplos de tilings face-a-face e não face-a-face no espaço hiperbólico n-dimensional Λ^n compostos por tiles poliédricos convexos congruentes. Para além disso, estes mosaicos também não podem ser transformados em mosaicos isoédricos (transitivos de mosaicos, regulares) utilizando a permutação de politopos. A construção proposta pode ser considerada e como a prova construtiva do teorema da existência de tilings não face-a-face no espaço hiperbólico n - dimensional em poliedros iguais, convexos e compactos. O trabalho delineou algumas generalizações possíveis da construção de Böröczky que, na maioria dos casos, também permitem construir tilings não face-a-face [14]. As características dos tilings podem provar construtivamente algumas afirmações gerais relativas, por exemplo, a conjuntos de Delone pontuais e tilings de Delone [15,16]. No artigo é também discutida a questão do número de faces de um mosaico hiperbólico n-dimensional.

A segunda parte do décimo oitavo problema de Hilbert (ver [10]) foi resolvida no caso do espaço hiperbólico. Nomeadamente: existe um espaço ladrilhado em politopos iguais que não possa ser transformado num ladrilho isoedral usando uma permutação dos politopos? A solução negativa para o caso do *espaço* n de Euclides foi dada em 1928 por Dan Reingardt. V. Makarov explicou em [9] que a conhecida tiling de K. Böröczky [8], em ligação com a teoria do espaço de empacotamento do espaço hiperbólico, dá de facto a resposta à questão levantada por D. Hilbert no caso do espaço hiperbólico. Existe um mosaico anisoédrico de um espaço hiperbólico *n-dimensional* Λ^n por politopos congruentes que não pode ser transformado em isoédrico por permutação dos politopos? No presente trabalho, mostrar-se-á que a tiling de K. Böröczky tem mais uma propriedade notável: utilizando-a, é simples criar exemplos de tilings não face-a-face do espaço hiperbólico

5

n-dimensional compostos por tiles poliédricos congruentes (iguais), convexos e compactos. Adicionalmente, estes tilings também não podem ser transformados em tilings isoédricos usando permutação de politopos. As formações obtidas no espaço hiperbólico n-dimensional são também importantes, devido ao facto de ainda não terem sido construídos exemplos de formações isoédricas do espaço hiperbólico *n-dimensional* por ladrilhos poliédricos compactos. A construção proposta pode ser considerada também como uma demonstração construtiva relacionada com o teorema da existência de tilings não face-a-face do espaço hiperbólico *n-dimensional* por politopos iguais, convexos e compactos.

A afirmação seguinte é provada por construção. **Teorema:** *Para qualquer n , (n ≥ 2) existe uma tiling anisoédrica (não-regular) não-face-a-face do n - espaço hiperbólico dimensional Λ^n em politopos convexos e compactos iguais, que não pode ser transformada em isoédrica por permutação dos politopos. Deve ser mencionado que a tiling resultante não é face-a-face.*

Em 1983, Makarov V. S. construiu vários exemplos em que existe um número infinito de torneamentos isoedrais (regulares) face-a-face (normais) do espaço hiperbólico n -dimensional Λ^n , correspondendo a um determinado grupo [7]. Está provado que existem tilings isoédricos não face-a-face (não-normais) do espaço hiperbólico Λ^n por poliedros não-compactos de volumes finitos [20], mas não há tilings isoédricos concretos para n - espaço hiperbólico dimensional por politopos de volumes finitos (face-a-face e não-face-a-face), tanto quanto sabemos não é possível. K. Böröczky demonstrou em [8] a existência de um sistema anisoédrico (não regular) de inclinações face-a-face num espaço hiperbólico Λ^n , em ligação com a teoria dos espaços de empacotamento. Em [9] demonstra-se que este tipo de mosaico não pode ser transformado em mosaico isoédrico utilizando a permutação de politopos.

Este inquérito apresenta o método de obtenção de tilings anisoédricos não face-a-face (não tille-transitivos) baseado em tilings anisoédricos face-a-face K. Böröczky [8]. Assim, demonstrámos a afirmação formulada acima. Para provar esta afirmação, é suficiente que cada poliedro prototil Böröczky desta telha seja cortado por hiperplanos ("coordenados") de simetria (com eixo $M_0 M_1$ e incidentes no vértice M_0 $(n-2)$ -dimensional das faces da estrela da partição "superior") nos politopos 2^{n-1} - "prismáticos", que formam a desejada telha não face-a-face do espaço n hiperbólico Λ^n : no "teto" de um polítopo prismático da camada horosférica "inferior" estão dispostas 2^{n-1}

"bases" de "polítopos prismáticos da camada horosférica "superior". Depois disso, temos de aplicar as ideias fornecidas pelo artigo [9].

As palavras e frases-chave: Não são tilings face-a-face, tilings hiperbólicos monohedrais, anisohedral (não-tile-transitivo, protóteis nunca admitem tilings isoedrais)), faixa horocíclica, dividindo uma horosfera $\sum^2$ em Λ^3 em quadrado (ao quadrado), a geometria intrínseca da horosfera é euclidiana, meio-espaço hiperbólico superior Λ^3 , *espaço* hiperbólico *n*, limite superior do número de faces de um azulejo tridimensional em mosaico monoedral, o número de faces de um azulejo hiperbólico n-dimensional.

2. Noções básicas e factos

A terminologia utilizada para os ladrilhos segue geralmente a de [14.15]. Um *mosaico* num espaço métrico é um conjunto fechado de pontos do espaço. Um *mosaico de* um conjunto de mosaicos é uma coleção de imagens de mosaicos desse conjunto sob isometrias, cujos interiores são par a par disjuntos e cuja união é todo o espaço; dizemos que um conjunto de mosaicos admite o mosaico ou, no caso de um único mosaico, que admite o mosaico. Vamos concordar em considerar neste trabalho apenas os ladrilhamentos no espaço X^n de curvatura constante em politopos convexos e finitos (compactos). Lembramos que a estratificação do *espaço* nX^n de curvatura constante em politopos é chamada *face-a-face (ou normal)*, se a intersecção de dois politopos quaisquer é uma face de cada politopo, possivelmente a face vazia (ou é vazia ou consiste numa face inteira); caso contrário a estratificação é chamada *não face-a-face (ou não-normal)*. Ou então, uma telha de politopos é face-a-face se os vértices, lados e faces dos politopos coincidirem com os vértices, arestas e faces da telha. Assim, a "estratificação" é um exemplo de ladrilho não face-a-face. Com uma subdivisão adequada das faces dos politopos, a estratificação não-face pode ser transformada numa estratificação face-a-face. O conjunto de todas as simetrias $\Gamma = \mathrm{Sym}\{P\}$ de uma determinada telha $\{P\}$ chama-se o *grupo de simetria* da telha ou o grupo de simetria de uma telha é o grupo das isometrias que actuam como permutação nos azulejos da telha. Uma estratificação de um espaço em poliedros congruentes chama-se *isoedral (transitiva, regular, caraterização da isoedralidade)*, se o seu grupo de automorfismo for transitivo nos ladrilhos. O grupo dos seus simétricos actua transitivamente sobre o ladrilho, ou seja, para quaisquer dois ladrilhos P_1 e P_2 do ladrilho no grupo G há pelo menos um movimento γ, em que o primeiro destes ladrilhos passa para o segundo, $\gamma(P_1) = (P_2)$. Por outras palavras, qualquer poliedro pode ser traduzido em qualquer outra simetria adequada. Caso contrário, a telha num poliedro igual é chamada *anisoédrica (não transitiva em azulejo, não regular)*. Na tiling tile-transitive (mencionada por E.S. Fedorov em [1]) cada um dos seus poliedros é rodeado por outros politopos igualmente até ao infinito. Um poliedro (polígono) convexo isoédrico chama-se *estereocedro (planigão)*. Por vezes, uma telha regular (transitiva) tem o nome de isoedro, o que parece remontar a T. Gosset [2], que interpreta as telhas em politopos regulares iguais como a fronteira de um poliedro regular infinito do espaço euclidiano $(n+1)$-dimensional (o interior desse poliedro é um semi-espaço do espaço E^{n+1}, definido por um hiperplano E^n nele embebido).

8

3. Exemplo para a construção de mosaicos hiperbólicos monohedrais em dimensão arbitrária elevada. Sobre uma tiling anisoédrica face-a-face do espaço hiperbólico n -dimensional Λ^n ($n \geq 2$) por politopos congruentes

Esta é uma boa altura para recordar o $18°$ problema de Hilbert:

A. Existe no espaço euclidiano n-dimensional ... apenas um número finito de tipos essencialmente diferentes de grupos de movimentos com uma região fundamental [compacta]?

B. Se também existem poliedros que não aparecem como regiões fundamentais de grupos de movimentos, através dos quais, no entanto, por uma justaposição adequada de cópias congruentes, é possível preencher completamente todo o espaço [euclidiano]?

A questão B pergunta (em parte) "Se existe um mosaico tal que nenhum grupo de simetria actua transitivamente em qualquer mosaico em que apareça". Um exemplo de um azulejo tridimensional deste tipo foi encontrado por Reinhardt [11] e no plano euclidiano por Heesch [12]. Estes azulejos admitem um mosaico anisoédrico (não isoédrico). O problema do $18°$ problema de Hilbert estende-se a geometrias não euclidianas [9] e mostra-se que a conhecida tiling de Böröczky [8] na teoria dos empacotamentos do espaço hiperbólico dá de facto a resposta à pergunta de David Hilbert no caso do espaço hiperbólico.

a) O caso $n = 2$ dimensão. Começarei por descrever a construção do mosaico por Böröczky. Consideremos primeiro o plano hiperbólico bidimensional Λ^2 . Seja $\sum_0^1$ seja um horociclo com a reta a como eixo; a está orientada e dirigida para o lado côncavo do horociclo (Figura 1, ver página 9). Seja A_0 seja o ponto de intersecção do horóscopo $\sum_0^1$ com o eixo, e seja $A_0 B_0$ seja um arco de comprimento l ao longo do horóscopo. Desenhe um eixo b do horociclo $\sum_0^1$ passando pelo ponto B_0 . Escolher um segundo horóscopo $\sum_1^1$ com eixo a e b tal que o arco $A_1 B_1$ entre a e b é duas vezes mais curto que $A_0 B_0$ $(A_1 = \sum_1^1 \cap a, B_1 = \sum_1^1 \cap b,)$. Seja D_0 seja o ponto médio do arco $A_0 B_0$. Então, o casco convexo dos pontos A_0, D_0, B_0, B_1 e A_1 é um pentágono que designamos por K_0^2 . Sob translação t pelo vetor $\overrightarrow{A_0 A_1}$, este pentágono é transformado no pentágono $A_1 B_1 C_1 A_2 B_2$ $(A_2 = \sum_2^1 \cap a, B_2 = \sum_2^1 \cap b, \sum_2^1 = t^2(\sum_0^1)$ adjacente ao original ao longo do lado $A_1 B_1$. Denotamos este pentágono por K_1^2 , $K_1^2 = t(K_0^2)$. O pentágono K_0^2 pertence à faixa S_0^2 delimitada pelos horóscopos $\sum_0^2$ e

$\sum_1^2$. Cópias adicionais de S_0^2 contendo K_0^2 podem ser geradas pela ação do grupo $\Gamma = < t >$, de modo que todo o plano hiperbólico Λ^2 está dividido em faixas congruentes S_i^2 entre os horociclos $\sum_i^1$ e $\sum_{i+1}^1$ $(\sum_i^1 = t^i(\sum_0^1), S_i^2 = t^i(S_0^2), i \in Z)$. Em cada faixa S_j^2 , existe um pentágono $K_i^2 = t^i(K_0^2)$ delimitado pela reta a que é congruente ao original e adjacente ao longo de todo o lado aos dois pentágonos K_{i-1}^2 e K_{i+1}^2 nas faixas vizinhas. Ao adicionar cópias de K_i^2 à faixa S_i^2 (com a ajuda do grupo G_i^1 gerado por reflexões através dos dois lados $t^i(A_0 A_1)$ e $t^i(B_0 B_1)$ obtém-se um mosaico anisoiédrico e face-a-face de Λ^2 por pentágonos congruentes (para verificar o anisoiédrico tenta-se encontrar uma ação que traduza o pentágono original K_0^2 para o adjacente ao longo do lado $B_0 B_1$ e que também preserve a tiling). Um mosaico face-a-face de um espaço hiperbólico Λ^n com politopos (convexos) é um mosaico em que a intersecção de dois politopos quaisquer é vazia ou um polígono i-dimensional $i = \overline{0, (n-1)}$ de cada um dos politopos.

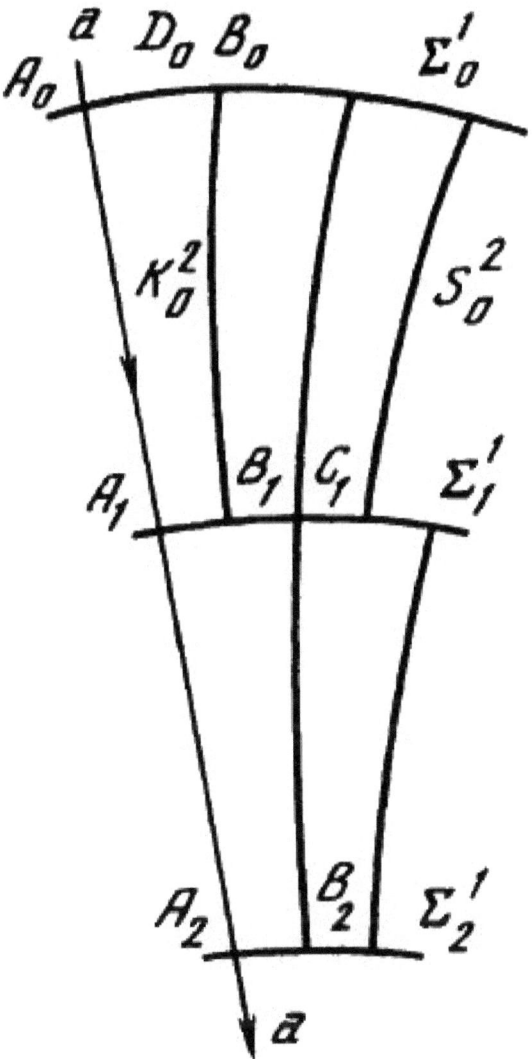

Figura 1.

11

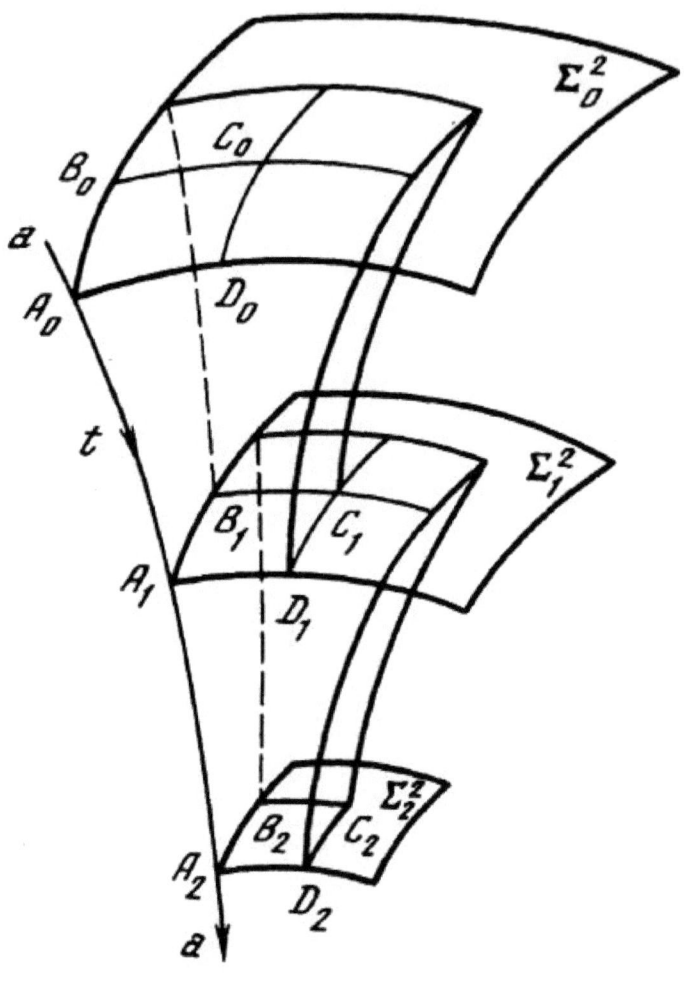

Figura 2.

b) O caso $n = 3$ dimensões. No espaço hiperbólico tridimensional Λ^3 a telha tem uma construção análoga (ver Figura 2). Vamos dar a construção do protótipo tridimensional. Vamos tirar partido do facto de que qualquer horosfera $(n-1)$-dimensional $\sum^{n-1}$ em Λ^n é isométrica ao espaço euclidiano E^{n-1}. Escolhe-se uma reta orientada a ortogonal a uma horosfera $\sum_0^2$, que é

12

particionada por uma rede ortogonal de horociclos em quadrados geodésicos (com lado de comprimento l) de modo que o ponto $A_0 = \sum_0^2 \cap a$ seja um vértice desta tiling (Figura 2). Selecionar um dos quadrados com vértice A_0 como quadrado inicial, e designamo-lo por Q_0^2. Escolha uma translação t ao longo da reta a de modo que a estrela de quadrados (geodésicos) no vértice C_0 oposto a A_0 em Q_0^2 se projecte na imagem $Q_1^2 = t(Q_0^2)$ do quadrado Q_0^2 (é fácil ver que o comprimento do vetor de translação $\overrightarrow{A_0 A_1}$ para t é idêntico ao da translação análoga no caso bidimensional). Como é habitual, a estrela de um vértice de uma telha é o conjunto dos politopos incidentes nesse vértice. Assim, quatro quadrados da horosfera $\sum_0^2$ estão sobre um único quadrado da horosfera $\sum_1^2 = t(\sum_0^2)$ e o casco convexo dos vértices destes cinco quadrados dá um polítopo de nove faces K_0^3 . Há cinco facetas congruentes nos quadrados (uma na base e quatro no "telhado") e quatro facetas laterais pentagonais (que são congruentes com os pentágonos do caso bidimensional, quando a altura dos lados dos quadrados geodésicos é l). A ação do grupo $\Gamma = < t >$ produz cópias da casca sólida S_0^3 situada entre as duas horosferas $\sum_0^2$ e $\sum_1^2$, e cópias de K_0^3 . A ação do grupo produz cópias da casca sólida situada entre as duas horosferas $S_i^3 = t^i(S_0^3)$ separadamente em cópias congruentes de K^3 (utilizando o grupo G_i^2 gerado por reflexões através das facetas pentagonais laterais de K_i^3), obtém-se um mosaico anisoédrico face-a-face do espaço hiperbólico Λ^3 . Especificamente, para $n \geq 2$, existe um poliedro de Böröczky P_n com $(n^2 + 5)$ facetas, que ladrilham o espaço hiperbólico de 3 dimensões Λ^3 .

c) Em n dimensões. A construção no caso geral deve agora ser clara. Escolha uma linha orientada a e $(n-1)$-dimensional horospere $\sum_0^{n-1}$ ortogonal a ela. Particionar $\sum_0^{n-1}$ em cubos geodésicos com comprimento de aresta l usando $(n-2)$ horosferas -dimensionais, de modo a que o ponto $A_0 = \sum_0^{n-1} \cap a$ seja um vértice do mosaico. Seja Q_0^{n-1} seja um cubo fixo na telha com A_0 como vértice. A translação t ao longo da reta a pelo vetor $\overrightarrow{A_0 A_1}$ move a horosfera $\sum_0^{n-1}$ de modo a que a estrela de cubos no vértice C_0 oposto a A_0 em Q_0^{n-1} se projecta sobre a imagem $Q_i^{n-1} = t(Q_0^{n-1})$. Como anteriormente, deixamos K_0^n seja o conjunto convexo dos vértices de Q_i^{n-1} e os vértices dos cubos da estrela em função crescente de $\vec{l}$ e no espaço hiperbólico a questão de Hilbert é resolvida positivamente.

Teorema 1. *Num espaço hiperbólico n-dimensional de dimensão $n \geq 2$, existem incontáveis tilings anisoédricos face-a-face (normais), todos do mesmo tipo combinatório. Nenhum destes tilings pode ser transformado num til face-a-face por rearranjo dos politopos.*

Note-se que, na construção do mosaico, a translação t pode ser modificada de modo a que o arco do oriciclo seja reduzido por um fator k em vez de 2 (ver [10]). Esta estratégia também resulta em ladrilhamentos anisoédricos face-a-face do espaço hiperbólico *n-dimensional* Λ^n. Os polígonos do mosaico têm bases cúbicas e telhados com k^n em vez de 2^n cubos (que se projectam ao longo do eixo da orisfera sobre a base). De facto, provámos o seguinte facto:

Teorema 2. *Num espaço hiperbólico n-dimensional de dimensão $n \geq 2$, existe uma sequência incontável de ladrilhamentos anisoédricos face-a-face combinatoriamente distintos por politopos combinatoriamente distintos. Nenhuma delas pode ser transformada em face-a-face rearranjando os politopos da telha.*

4. Número contável de tilings isoédricos não face-a-face do espaço 3 hiperbólico Λ^3 .

Em 1965, A.M. Zamorzaev demonstrou [3] que o número de formigueiros regulares não face-a-face no espaço euclidiano n de uma dada dimensão (fixa) é infinito [3], enquanto que os formigueiros face-a-face são apenas um número finito (o teorema básico da teoria dos estereohedros num espaço euclidiano) [4]. O teorema da existência de tilings cristalográficos isoidais face-a-face no espaço hiperbólico foi efetivamente provado por B.A.Venkov em [6] (ver também [7]). Em [5], provou-se a existência de tilings isoédricos não face a face do *espaço* hiperbólico n em poliedros congruentes não-compactos (cocompactos) de volume finito. Neste trabalho (mais à frente no texto), provamos construtivamente uma afirmação semelhante para as inclinações anisoédricas (não regulares) não face-a-face do espaço n hiperbólico Λ^n .

Relativamente à questão dos ladrilhamentos não face-a-face vamos considerar preliminarmente, mais uma vez, o ladrilhamento do espaço euclidiano de 3 dimensões E^3 por paralelopípedos rectangulares. No grupo de simetrias deste mosaico destacaremos o seu subgrupo Γ , para o qual os paralelopípedos aparecerão como poliedros fundamentais (facilmente sujeitos a deformação). Tomemos um paralelopípedo retangular qualquer $ABCD\,A'B'C'D'$ (ver Fig.3), vamos observar algumas das suas faces (por exemplo a base inferior $ABCD$) e um par de arestas AB e CD dessa face. Seja t *a translação* para o vetor $\vec{a} = \overrightarrow{EF}$, que liga o meio destas arestas. Então a translação t e o seu retorno transferem o paralelopípedo considerado para os paralelopípedos de ladrilho, que são adjacentes aos considerados nas faces $AB\,B'A'$ e $DC\,C'D'$ (ver Figura 3). Para um subgrupo Γ tomamos um subgrupo, gerado pela deslocação de t, a volta de v_2 de segunda ordem em torno de um eixo EF da translação t e as reflexões m_1 , m_2 e m_3 nos planos das faces $ADD'A'$, $A'B'C'D'$ e $BCC'B'$ do paralelopípedo (na figura estas faces estão sombreadas). Usando o algoritmo de extensão do paralelogramo (ver Figura 3) é fácil arranjar "secções" (ver esquema na Fig.3), após o que se obtém um mosaico não face a face com o mesmo grupo de simetria Γ . É evidente que, com um paralelepípedo retangular "superior" "estendido", pode haver (não face a face, não normal) adjacente qualquer quantidade (finita) (número) dos paralelepípedos rectos "inferiores" biselados (mas todos os estereohedros - paralelepípedos; os primeiros exemplos semelhantes são dados por A. M.

Zamorzaev em [3]). Se fizermos o mesmo rearranjo (reorganização) com o mosaico do espaço hiperbólico tridimensional Λ^3, por exemplo, nos prismas octogonais truncados or**togonais** com ângulos rectos nas arestas laterais (e ângulos do tipo $\frac{\pi}{k}$ nas arestas "brancas" das bases), obteremos não só um número contável de mosaicos isoedrais (transitivos) não face a face (relativamente ao grupo correspondente - ver Fig.4) do espaço hiperbólico de 3 dimensões Λ^3, mas também uma série contável de estereohedros combinatoriamente distintos, não face a face (não-normais), correspondentes ao mesmo grupo de Fedorov do espaço hiperbólico (a propósito, da figura é visível que é possível sujeitar tais coberturas a deformação contínua).

5. Existência de tilings isoédricos não face-a-face no espaço hiperbólico *n-dimensional*, Λ^n $n \geq 2$ por poliedros de volume finito não-compactos (cocompactos) congruentes

Usando teoremas suficientemente profundos na teoria de subgrupos discretos de grupos de Lie (em particular o teorema da teoria de grupos discretos hiperbólicos) pode ser mostrado [5], que um análogo desta construção aqui especificada (descrita logo acima), funciona e no espaço hiperbólico de dimensão *n*.

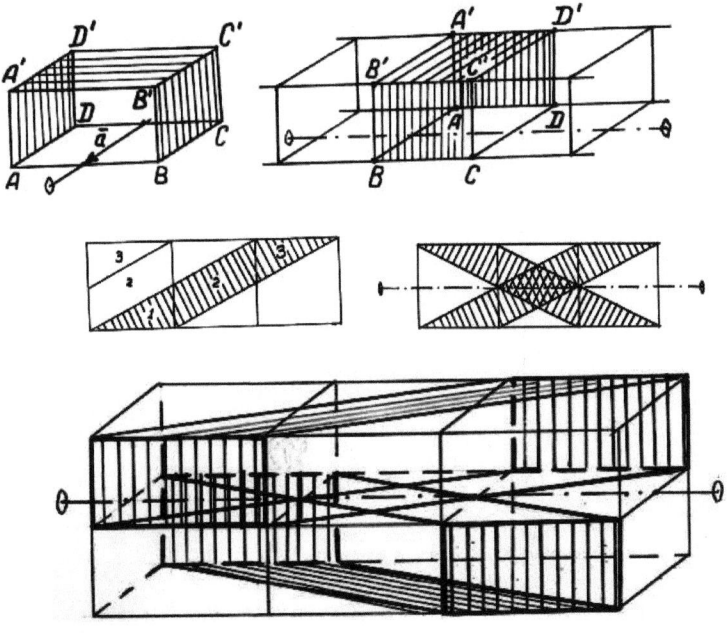

Figura 3. Lajedos isoédricos não face-a-face no espaço euclidiano 3

17

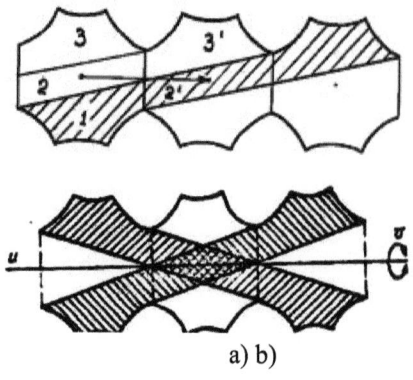

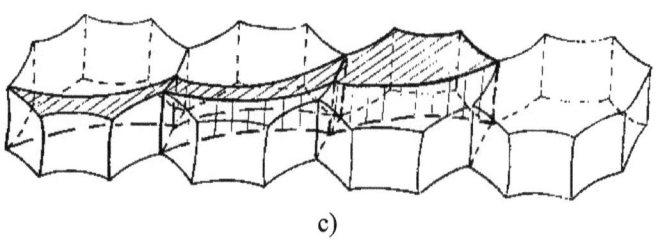

a) b)

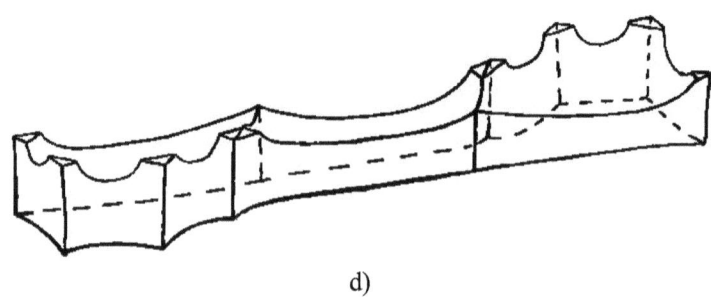

c)

d)

Figura 4. a), b), c), d) : Revestimentos isoédricos não face a face de três espaços hiperbólicos Λ^3

6. Construção e prova da existência de tilings anisoiédricos e não face-a-face em espaços hiperbólicos de alta dimensão ( ) Λ^n $n \geq 2$

Passemos agora aos ladrilhamentos anisoédricos e à segunda questão do décimo oitavo problema de D.Hilbert (ver [10], pp.51): existe algum ladrilhamento do espaço por politopos iguais que não possa ser transformado em isoédrico por permutação dos politopos? Para o caso do espaço euclidiano (D. Hilbert, provavelmente, pensou neste caso, embora não o tenha mencionado) a resposta a esta questão foi dada por Reinhard (ver [11]). De seguida, seguindo [8] e [9], daremos exemplos de tilings semelhantes (tanto face-a-face como não face-a-face) no espaço hiperbólico n-dimensional.

Em primeiro lugar, provamos a afirmação:

Teorema 3. *No espaço hiperbólico* $n \Lambda^n$ *de dimensão* $n \geq 2$ *, existe um mosaico isoédrico e não face-a-face composto por mosaicos poliédricos convexos congruentes, que não pode ser transformado em mosaico transitivo usando qualquer permutação dos mosaicos poliédricos.*

Prova. Em 1975, K. Böröczky publicou algumas construções engenhosas de "tilings" no plano hiperbólico Λ^2 [8]. O seu objetivo era mostrar que não existe uma definição tão natural de densidade no plano hiperbólico Λ^2 como existe no plano euclidiano E^2. Em [9] consideraram-se análogos destes mosaicos no espaço hiperbólico n-dimensional e chamou-se a atenção para o facto de que, para todo o $n \geq 2$, os protóteis do tipo Böröczky nunca admitem mosaicos isoedrais do espaço $n \Lambda^n$. Este facto tem interesse no contexto do 18º problema de Hilbert. Para além disso, estes ladrilhos n-dimensionais do tipo Böröczky constituem um exemplo para a construção de ladrilhos hiperbólicos monohedrais em dimensão arbitrária elevada. Depois de [9], é o único exemplo deste género. Este mosaico do tipo Böröczky caracteriza-se por um conjunto de propriedades notáveis. Uma delas é que, qualquer permutação dos seus politopos, este mosaico não pode ser transformado em isoedro [9], e portanto, este mosaico responde à segunda questão do 18º problema de Hilbert ([10], p.51) para o caso do espaço hiperbólico.

Mostramos a seguir como é possível obter uma tiling anisoédrica não face-a-face a partir dessa decomposição face-a-face de Böröczky no *espaço n* hiperbólico por poliedros convexos e compactos congruentes. Assim, descobrimos outra propriedade notável da tiling de Böröczky e, ao mesmo tempo, provamos o teorema formulado acima.

19

Mas, em primeiro lugar, vamos recordar a construção da tiling no espaço hiperbólico, proposta por Böröczky (porque se baseia essencialmente em toda a prova do teorema). A construção de um mosaico num espaço hiperbólico n-dimensional foi proposta por Böröczky em ligação com a questão da determinação da densidade de empacotamento de esferas num espaço (plano) hiperbólico [8]. Se o mosaico for regular, então para a estimativa da densidade é suficientemente boa a razão entre o volume de uma esfera e o volume do domínio fundamental. Verifica-se que, para a tiling não transitiva do espaço hiperbólico em poliedros congruentes, esta razão não é adequada para avaliar a densidade de empacotamento, o que mostra a tiling de Böröczky.

Um mosaico é chamado *cristalográfico* se o grupo de simetria do mosaico tiver um domínio fundamental compacto, ver [17]. Assumimos que estamos familiarizados com os termos e factos básicos da geometria hiperbólica n-dimensional, ver, por exemplo, [7] (para $n = 2$, com ênfase no comprimento e na área em Λ^2). Em geometria hiperbólica, um *horociclo* (uma curva), por vezes chamado *oriciclo, oricírculo ou curva limite*, é uma curva cujas geodésicas normais ou perpendiculares convergem todas assintoticamente na mesma direção. É o caso bidimensional de uma horosfera (ou orisfera). *Uma horosfera* é uma superfície em geometria hiperbólica, ortogonal às rectas paralelas (hiperbólicas) numa determinada direção. Lembrei-me imediatamente da tiling de K. Böröczky [8], essencial na teoria do empacotamento do espaço hiperbólico n -dimensional Λ^n com politopos iguais. Começarei por descrever a sua construção da tiling.

a) O caso $n = 2$ **dimensão. Mostramos** aqui a construção para o plano hiperbólico bidimensional (caso) Λ^2 (ver Figura 5). Uma construção análoga funciona para uma dimensão arbitrária. Partimos de (uma das) mosaicos de Böröczky [8]. Trata-se de uma tiling não cristalográfica de um plano hiperbólico por pentágonos iguais. Apresentamos uma construção explícita do protótipo de Böröczky e descrevemos brevemente a situação no plano hiperbólico Λ^2 . A Figura 5 ilustra a construção do mosaico de Böröczky no modelo do semiplano superior. Seja l uma reta no plano hiperbólico bidimensional Λ^2 . Seja $\sum_0^1$ um horociclo com l como eixo; l está orientado e dirigido para o lado côncavo do oriciclo (Figura 5, ver página 16). Seja O_0 o ponto de intersecção ortogonal do horociclo $\sum_0^1$ com o eixo l. Desenhe um horociclo $\sum_0^1$ ortogonal a l ($\sum_0^1$ tem um ponto ideal Ω no infinito), para o qual a reta l selecionada é o seu eixo. A partir do ponto de intersecção O_0 (do eixo *l* com o horociclo $\sum_0^1$), separamos segmentos de igual comprimento no horociclo. Por simplicidade, a construção ulterior pode ser efectuada num dos semiplanos (o modelo do semiplano) definido pela reta e, em seguida, a colocação de um semiplano por reflexão na reta *l* para deslocar o segundo semiplano, definido pela reta *l*. *Suponhamos* que O_0, A_0, B_0, C_0, D_0,... - os pontos de partição do horóscopo. Traçar através deles a reta l_{A_0}, l_{B_0}, l_{C_0}, l_{D_0},..., paralela *a l* (na direção escolhida). Pelo mesmo ponto traçar eqüidistantes h_{A_0}, h_{B_0}, h_{C_0}, h_{D_0},... com base *l*. Na reta l_{B_0}, denotar o ponto de interseção A_1 deste eixo com o eqüidistante h_{A_0}. Pelo ponto recebido A_1 passa um horociclo $\sum_1^1$, que tem um *eixo l* qualquer no horociclo inicial $\sum_0^1$ (ou seja, com o mesmo *eixo l* e um ponto ideal comum Ω no infinito).

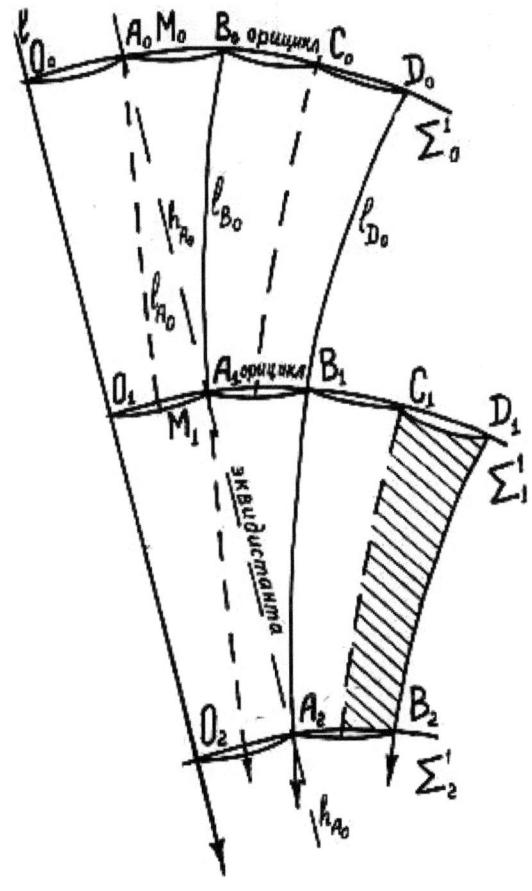

Figura 5. Construção do mosaico anisoédrico de Böröczky não face-a-face no modelo do semiplano superior do **plano** hiperbólico Λ^2

Figura 6. A telha de Böröczky na interpretação de Poincare II

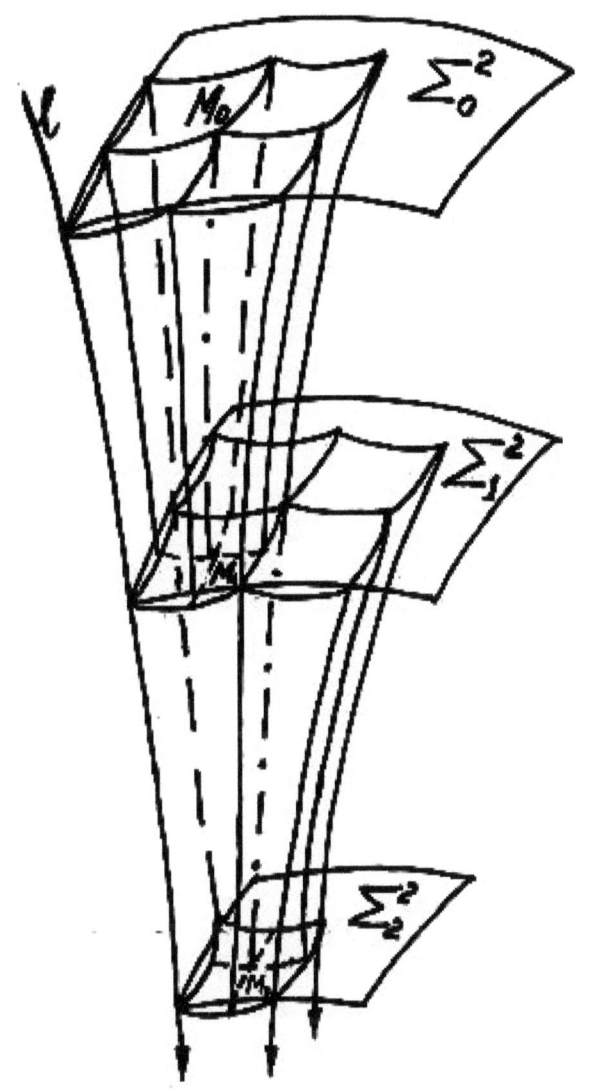

Figura 7. Construção do mosaico anisoédrico de Böröczky sem face a face no modelo do meio-espaço superior do espaço hiperbólico **3** Λ^3

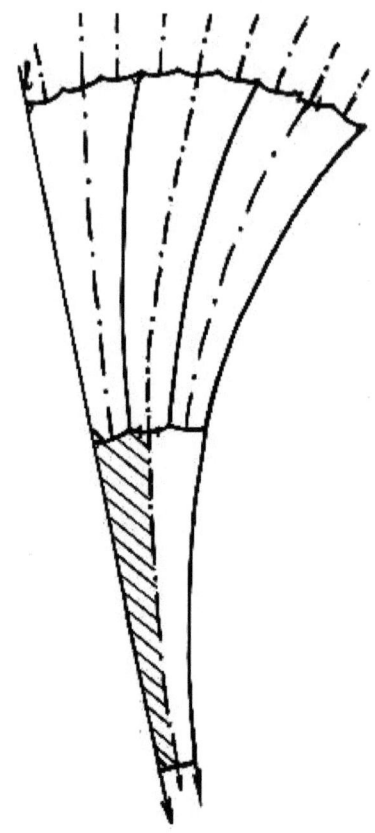

Figura 8. Possíveis variações de tilings

Seja O_1 o ponto de intersecção do horociclo $\sum_1^1$ com o eixo l. É evidente que o comprimento do segmento horocíclico $O_1 A_1$ é igual ao comprimento do segmento horocíclico $O_0 A_0$. O conjunto dos pontos de divisão do horociclo $\sum_0^1$ determina a reta regular (infinita), uma reta quebrada ω_0, inscrita neste horociclo. Obviamente, a translação t *do horóscopo* ao longo da reta l pelo vetor $\overrightarrow{O_0 O_1}$ move o horóscopo $\sum_0^1$ no horóscopo $\sum_1^1$, o ponto $A_0 \in \sum_0^1$ para o ponto $A_1 \in \sum_1^1$, o segmento $O_0 A_0$ no segmento $O_1 A_1$, todas as partições do horóscopo $\sum_0^1$ movem-se na partição do horóscopo $\sum_1^1$ (como inscrito na

24

sua reta regular ω_0 passa na reta regular ω_1, inscrita em $\sum_1^1$). Assim, sobre cada segmento de reta quebrada regular ω_1, inscrito no horociclo "inferior" $\sum_1^1$, resultam (segundo a construção) dois segmentos adjacentes congruentes da reta quebrada regular ω_0, inscrito no horociclo "superior" $\sum_0^1$ (o feixe de paralelas com o centro Ω efectua a projeção correspondente). Os segmentos, $O_1 A_1 O_0 A_0$ e $A_0 B_0$ juntamente com os eixos l e l_{B_0} limitam um pentágono convexo, cujo eixo l_{A_0} é o eixo de simetria. Ela é uma reta que projecta um vértice comum A_0 dos segmentos $O_0 A_0$ e $A_0 B_0$ no meio M_1 da "base" $O_1 A_1$.

Seja um giro horocíclico w (em torno do ponto ideal Ω), definido pelos eixos l e l_{B_0}. Então, cada um dos movimentos do grupo $\Gamma_1 =<w>$ vai mover uma "região de faixa" (uma faixa horocíclica) entre os horociclos $\sum_0^1$ e $\sum_1^1$ em si mesmo. O polígono $O_0 A_0 B_0 A_1 O_1$ que é mapeado ("multiplicado") pelo grupo Γ_1, dividirá esta faixa em pentágonos irregulares iguais e convexos. Por brevidade, diremos que mapeámos (multiplicámos) um polígono considerado (ou seja, um poliedro) do grupo de simetria da ladrilhagem pelo horóscopo $\sum_1^1$ (doravante - o grupo de ladrilhagem correspondente à horosfera). Repetindo assim a faixa horocíclica dividida entre os movimentos dos horociclos do grupo $\Gamma_2 =<t>$, obtém-se o mosaico anisoédrico e face-a-face de todos os planos Λ^2 sobre esses pentágonos (convexos, iguais) - o mosaico de Böröczky do plano hiperbólico Λ^2 . De um modo geral, para efeitos da teoria do empacotamento (para a qual a ladrilhagem estava em construção), ligar os pontos de partição dos horociclos por segmentos (para construir um polígono regular horocíclico infinito) não é absolutamente necessário: basta particionar o plano nos pentágonos, limitados pelos segmentos dos horociclos e pelos segmentos de comprimento dos seus eixos (assim, dois segmentos da base superior são, de facto, continuações um do outro). É esta tiling (realizada nas interpretações de Poincaré) que normalmente também se mostra ao leitor (ver Fig. 6). Na Fig. 6, em cada pentágono (curvilíneo) está colocado um círculo. Parece que a densidade de empilhamento dos círculos pode ser caracterizada pela razão entre a área de um círculo e a área de um pentágono curvilíneo. Mas se substituirmos o pentágono curvilíneo pelo retilíneo, pelas mesmas razões que a densidade do mesmo empacotamento de círculos, ela pode ser caracterizada pela razão entre a área de um círculo e a área do pentágono retilíneo. Mas esta última é menor do que a área de um pentágono curvilíneo na área do segmento horocíclico, o que mostra a incorreção desta definição de densidade de empacotamento.

Agora (atenção!), em cada um dos pentágonos desta telha, cortaremos o seu eixo de simetria em dois quadriláteros congruentes (por exemplo, um pentágono $O_0 A_0 B_0 A_1 O_1$ por um segmento $A_0 M_1$ será dividido em dois quadriláteros: $O_0 A_0 M_1 O_1$ e $A_0 B_0 A_1 M_1$). Se fizermos esses cortes em todos os pentágonos do mosaico de Böröczky no plano hiperbólico Λ^2 veremos que, na "base" superior de cada quadrilátero, dois quadriláteros da camada "superior" foram dispostos com as suas bases "inferiores" (na figura 5 um desses quadriláteros está sombreado). Assim, temos um mosaico não face-a-face do plano hiperbólico Λ^2 em quadriláteros (convexos) iguais.

b) O caso $n = 3$ dimensões.

Teorema 4. *No espaço hiperbólico de dimensão $3\Lambda^3$, existe um mosaico anisoédrico não face-a-face composto por ladrilhos poliédricos convexos congruentes, que não pode ser transformado em mosaico isoédrico usando qualquer permutação dos ladrilhos poliédricos.*

A prova utiliza a chamada tiling de Böröczky do espaço hiperbólico de 3 dimensões Λ^3 por poliedros congruentes e, para comodidade do leitor, começamos com uma breve descrição desta tiling. A Figura 7 ilustra a construção da mosaico de Böröczky no modelo do semi-espaço superior. Suponhamos que o *espaço* 3 hiperbólico Λ^3 tem curvatura -1 e que $\sum_0^2$ é uma horosfera. É sabido que $\sum_0^2$ é isométrico em relação ao plano euclidiano. No espaço hiperbólico tridimensional Λ^3 o mosaico tem uma construção análoga (ver Figura 7). Muito brevemente, a descrição do mosaico de Böröczky face-a-face pode ser explicada da seguinte forma.

Por outras palavras, a construção é a seguinte. Vamos descrevê-la para o espaço hiperbólico de *3 dimensões* Λ^3. Consideremos um conjunto de horosferas concêntricas, em que horosferas consecutivas têm igual distância. Cada horosfera é conforme ao plano euclidiano R^2. Consideremos então uma partição de cada horosfera na telha canônica (referente ao quadrado unitário padrão - no centro da construção) de R^2 por quadrados unitários geodésicos. Erguer sobre cada quadrado geodésico um prisma, de modo a que o topo do prisma seja constituído por quatro quadrados geodésicos da camada seguinte. Obtém-se assim um mosaico do *espaço* 3 hiperbólico Λ^3, em que cada mosaico tem quatro mosaicos (quadrados geodésicos) no seu topo. Estas "camadas poliédricas" encaixam umas nas outras e produzem o mosaico de

Böröczky de todo o espaço tridimensional hiperbólico, anisoedricamente e face a face.

Uma descrição mais pormenorizada é a seguinte. Seja l uma reta orientada no espaço *tridimensional* Λ^3 passando por O_0. Escolha uma horosfera $\sum_0^2$ ortogonal a l, intersectando o eixo l num ponto O_0. Uma horosfera é particionada por uma rede ortogonal de horociclos em quadrados geodésicos (tiling de aresta a aresta de $\sum_0^2$ com quadrados geodésicos iguais aos pares), de modo que o ponto $=O_0 \sum_0^2 \cap l$ é um vértice desta partição (com uma aresta $O_0 A_0$) (Figura 7). Seja o cubo (quadrado) de dimensão -2 em $\sum_0^2$, centrado em $\sum_0^2 \cap l$. Assim, dividimos a horosfera em quadrados e submetemos à translação t ao longo de um eixo l um vetor, cujo comprimento é igual ao comprimento do segmento (previamente construído) $O_0 O_1$. É fácil ver que o comprimento do vetor de translação $O_0 O_1$ para t é idêntico ao da translação análoga no caso bidimensional. Seja $\sum_1^2$ outra horosfera, tal que $\sum_1^2$ é concêntrica com $\sum_0^2$. É suficientemente óbvio que num quadrado de ladrilho na horosfera $\sum_1^2 = t\left(\sum_0^2\right)$ se projectará uma estrela do vértice M_0 da partição $\sum_0^2$, constituída por quatro quadrados (ver Figura 7, $O_0 M_0$ - diagonal de um quadrado horosférico em $\sum_0^2$). Assim, o eixo da horosfera, passando pelo nó M_0 da partição $\sum_0^2$, passará pelo centro M_1 de um quadrado da partição na horosfera $\sum_1^2$. Tomando o casco convexo dos vértices considerados quadrados, obtém-se uma célula do poliedro de Böröczky com 13 vértices. Por outras palavras, um poliedro com *9 facetas* (um poliedro *de 9 faces*), limitado por $2^2 = 4$ facetas "superiores" (por quatro quadrados euclidianos em $\sum_1^2$), uma faceta "inferior" (um quadrado euclidiano em $\sum_0^1$) e 4 facetas laterais (quatro pentágonos, congruentes aos pentágonos da tiling bidimensional de Böröczky do plano hiperbólico Λ^2). Por construção, o prototilo de Böröczky (poliedro, uma célula) tem $+2 * 2^{n-1} (n-1) +1 = 2^2 + 2 \cdot 2 + 1 = 9$ facetas. Uma faceta "inferior" (um quadrado euclidiano em $\sum_0^1$), $2^2 = 4$ facetas "superiores" (por quatro quadrados euclidianos em $\sum_1^2$), e 4 facetas laterais. As 4 facetas laterais são protóteis de Böröczky de dimensão dois. O eixo $M_0 M_1$ é o eixo de simetria deste poliedro *de 9 faces*. Quatro planos de simetria deste poliedro de *9 faces* passam por este eixo, dois dos quais ("coordenadas") passam também pelas arestas dos quadrados (incidentes no nó M_0 das arestas), inscritos na horosfera "superior" $\sum_0^2$.

Estes dois planos cortam o poliedro *de 9 faces* em quatro hexaedros "prismáticos" convexos iguais. Para obter uma tiling de Böröczky para o espaço *tridimensional* Λ^3 , basta primeiro repetir o poliedro de *9 faces* pelo grupo de simetria Γ_1^2 das partições da horosfera $\sum_1^2$ (e assim obter uma "camada poliédrica" de politopos de *9 faces*, situada entre as horosferas $\sum_0^2$ e $\sum_1^2$), e depois multiplicar a camada recebida pelo grupo $\Gamma_2 =<t>$. Obtém-se uma sequência de poliedros cujos 9 vértices "superiores" se situam na horosfera $\sum_0^2$ (e pertencem ao conjunto de vértices da tiling $\sum_0^2$) e 4 vértices "inferiores" se situam na horosfera $\sum_1^2$ (e pertencem ao conjunto de vértices da tiling $\sum_1^2$). Como resultado, obtemos um mosaico de uma "camada poliédrica" com vértices em $\sum_0^2$ e $\sum_1^2$. Estas "camadas poliédricas" encaixam umas nas outras e produzem o mosaico de Böröczky de todo o espaço hiperbólico 3. Especificamente, para $n \geq 2$, existe um poliedro de Böröczky P_n com $(n^2 + 5)$ facetas (ver Figura 9), que pavimenta o espaço 3 hiperbólico Λ^3 .

Para obter a correspondente estratificação não-face do espaço hiperbólico tridimensional Λ^3 em hexaedros "prismáticos" convexos iguais, basta cortar cada poliedro de *9 faces* da estratificação de Böröczky em quatro poliedros prismáticos pelos planos de simetria "coordenados" acima referidos. As coberturas (face-a-face e não-face-a-face) do espaço hiperbólico n-dimensional estão a ser construídas quase literalmente da mesma maneira, através da partição das correspondentes $(n-1)$ -horosferas em $(n-1)$ -cubos geodésicos (cubiliaj).

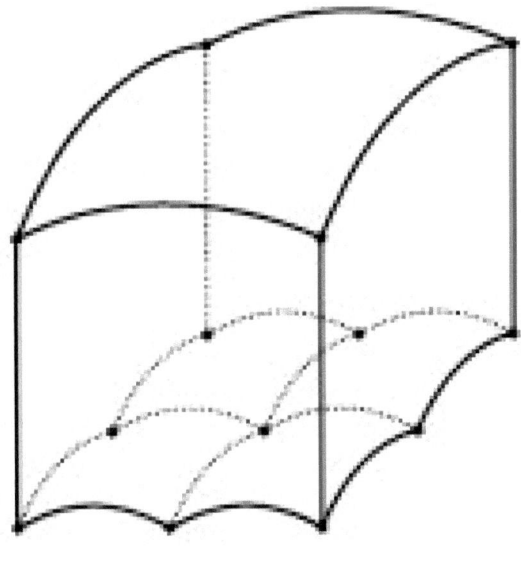

Figura. 9   P $_2$

c) O caso $n = 4$ dimensões.

Apresentemos a construção do prototilo tetradimensional. Vamos descrevê-lo para o espaço hiperbólico *de 4 dimensões* Λ^4 . Resumindo. Consideremos um conjunto de 3-horosferas concêntricas, em que 3-horosferas consecutivas têm igual distância. Cada 3-horosfera é conforme ao *espaço* euclidiano $3\,E^3$. Consideremos então uma partição de cada 3-horosfera na telha canónica (referente ao cubo unitário padrão - no centro da construção) do espaço $3\,E^3$ por 3-cubos unitários geodésicos. Ergue-se um prisma sobre cada cubo geodésico, de tal modo que o topo do prisma é constituído por oito cubos geodésicos da camada seguinte. Obtém-se assim um mosaico do espaço hiperbólico de *4 dimensões* Λ^4 , em que cada mosaico tem oito mosaicos (3-cubos geodésicos) no seu topo. Estas "camadas poliédricas" encaixam umas nas outras e produzem o mosaico de Böröczky de todo o espaço tetradimensional hiperbólico, de forma anisométrica e frente a frente.

Uma descrição mais pormenorizada é a seguinte. Em $n = 4$, a construção semelhante leva a que a estrela de cubos na partição tridimensional da 3-

29

horosfera $\sum_0^3$ em 3-cubos, com um vértice comum M_0, seja projectada num cubo da horosfera $\sum_1^3 = t\left(\sum_0^3\right)$ e, assim, o eixo $M_0 M_1$ passe pelo centro de simetria M_1 do cubo da base "inferior". Tomando o casco convexo dos vértices da estrela na telha "superior" e correspondente ao seu cubo da telha "inferior" ("base"), obtemos um poliedro com nove facetas cúbicas (uma na "base" - faceta "inferior" (um cubo euclidiano de *3 dimensões* em $\sum_0^3$) e as oito - sobre ela - facetas "superiores" (por oito cubos euclidianos de *3 dimensões* em $\sum_1^3$), e seis facetas laterais, congruentes com as facetas da telha tridimensional de Böröczky do espaço hiperbólico de *3 dimensões* Λ^3. Por construção, o proto-estádio de Böröczky (poliedro) tem $+2*2^{n-1}(n-1)$ $+1 = 8+6+1 = 13$ facetas. Uma faceta "inferior" (um 3-cubo euclidiano em $\sum_0^3$, 8 facetas "superiores" (por oito 3-cubos euclidianos em $\sum_1^3$), e 6 facetas laterais.

Os hiperplanos de simetria deste poliedro, definidos pelo eixo $M_0 M_1$ e incidentes das M_0 faces bidimensionais dos cubos "superiores" ("coordenam" os hiperplanos), cortam este politopo tetradimensional em oito politopos "prismáticos". Actuando com o grupo de simetria Γ_1^3 na colocação de uma horosfera $\sum_1^3$ num cubo, "preenchemos" uma camada entre as horosferas $\sum_0^3$ e $\sum_1^3$. Actuando com o grupo $\Gamma_2 = <t>$, "multiplicamos" a camada construída e obtemos uma tiling de Böröczky para o espaço $4\Lambda^4$. Cortando cada poliedro desta telha como indicado acima (planos "coordenados" de simetria) nos poliedros "prismáticos", obtemos uma telha não face-a-face do espaço *4* hiperbólico Λ^4 em poliedros convexos prismáticos iguais: na base cúbica "superior" da camada horosférica "inferior" há (estão dispostas) oito bases "inferiores" da camada horosférica "superior" de prismas.

d) Em *n* dimensões. A construção no caso geral (*n-dimensional*) deve agora ser clara. Ao longo desta secção, utilizaremos fortemente o facto de que qualquer horosfera $(n-1)$-dimensional $\sum^{n-1}$ no espaço hiperbólico $n\Lambda^n$ é isométrica ao espaço euclidiano E^{n-1}, ver por exemplo [7]. Apresentemos a construção do prototilo n-dimensional. Vamos descrevê-lo para o espaço *n* hiperbólico Λ^n. Se em suma. Consideremos um conjunto de $(n-1)$-horosferas concêntricas, em que $(n-1)$-horosferas consecutivas têm igual distância. Cada $(n-1)$-horosfera é conforme ao espaço euclidiano $(n-1)$-dimensional. Assim, considere-se uma partição de cada $(n-1)$-horosfera na telha canónica (referente à unidade padrão $(n-1)$ -cubo - no centro da construção) do espaço euclidiano $(n-1)$ -dimensional por unidades geodésicas $(n-1)$ -cubos. $(n-1)$ Sobre cada $(n-1)$ -cubo geodésico ergue-se um prisma, de tal modo que o topo do prisma é constituído por 2^{n-1} -cubos geodésicos da camada seguinte. Obtém-se assim um mosaico do espaço n hiperbólico Λ^n , em que cada mosaico tem 2^{n-1} mosaicos ($(n-1)$ -cubos geodésicos) no seu topo. Estas "camadas poliédricas" encaixam umas nas outras e produzem o mosaico de Böröczky de todo o espaço hiperbólico *n-dimensional* Λ^n anisoedricamente e face a face.

Uma descrição mais pormenorizada é a seguinte. Escolha uma linha orientada l e uma $(n-1)$ -dimensional horosfera $\sum_0^{n-1}$ ortogonal a ela. Particionar $\sum_0^{n-1}$ em $(n-1)$ -cubos geodésicos, correspondendo à sua translação t (ao longo do eixo l da horosfera $\sum_0^{n-1}$) partição de uma horosfera $\sum_1^{n-1} = t\left(\sum_0^{n-1}\right)$ em $(n-1)$ -cubos geodésicos e nota-se que a estrela do nó M_0 dos cubos na horosfera $\sum_0^{n-1}$ são projectados num cubo da horosfera $\sum_1^{n-1}$. De seguida, construímos o casco convexo dos vértices da estrela "superior" e do cubo "inferior". Por construção, o prototilo (poliedro) de Böröczky tem $+2*2^{n-1}(n-1)+1$ facetas. Uma faceta "inferior" (um $(n-1)$ - cubo euclidiano em , $\sum_0^{n-1}$ 2^{n-1} facetas "superiores" (por $2^{n-1}(n-1)$ -cubos euclidianos em $\sum_1^{n-1}$), e $2*(n-1)$ facetas à parte. O poliedro recebido "multiplica-se" por meio do grupo de simetria Γ_1^{n-1} da telha da horosfera $\sum_1^{n-1}$ em cubos. Assim, forma-se uma camada horosférica a partir destes poliedros entre as horosferas $\sum_0^{n-1}$ e $\sum_1^{n-1}$. Esta camada horosférica "multiplica-se" pelo grupo $\Gamma_2 = <t>$, o que conduz ao mosaico de Böröczky do espaço n hiperbólico Λ^n . Por fim, cada politopo desta telha é cortado por hiperplanos ("coordenados") de simetria (que passam pelo eixo $M_0 M_1$ e incidem nas faces $M_0 (n-2)$ -dimensionais da estrela da partição "superior") nos politopos 2^{n-1} - "prismáticos", que formam a desejada telha não face-a-face do espaço n hiperbólico Λ^n : no "teto" de um polítopo prismático da camada horosférica "inferior" estão dispostas 2^{n-1} "bases" de " polítopos prismáticos da camada horosférica "superior". Usando as ideias aplicadas no estudo da mosaico de Böröczky (face a face) em [9], é fácil ver que os mosaicos não face a face do espaço hiperbólico n-dimensional construídos por polítopos iguais, finitos e convexos são anisoédricos e também não podem ser transformados em mosaicos isoédricos (transitivos, regulares) usando a permutação de politopos do mosaico.

7. Propriedades dos tilings de Böröczky em espaços hiperbólicos de elevada dimensão ( ) $n \geq 2$

Notamos que a telha normal construída (face a face) de Böröczky tem um parâmetro contínuo - com o comprimento da aresta de um cubo. Por outras palavras, uma classe de mosaicos construídos é contínua e, consequentemente, a precisão da multiplicidade é uma medida $\aleph_0$ (potência de uma classe de todos os mosaicos isoédricos de um espaço hiperbólico n-dimensional). Todos os mosaicos discutidos acima são anisoédricos e também não podem ser convertidos em mosaicos isoédricos por rearranjo dos politopos (caso contrário, os grupos de classes de Feodorov do espaço hiperbólico terão o número cardinal de potência $\aleph$). A anisoedralidade das formigueiros não face-a-face construídos de novo e a impossibilidade da sua transformação em isoedral por rearranjo dos politopos são verificadas do mesmo modo que no caso da formigueiridade de Böröczky (ver [9]). Na Figura 8 mostra-se uma das possíveis direcções de generalização da construção de Böröczky.

Em conclusão, notamos algumas possíveis generalizações da construção de Böröczky, que permitem também, num grande número de casos, construir azulejos não face-a-face (o autor pede antecipadamente desculpa pela eventual repetição de factos conhecidos). Uma, variar a construção da telha através da alternância de camadas, obtendo-se diferentes (distintos) continuum de tilings de Böröczky face-a-face por politopos iguais, estudados anteriormente. Assim, V. Makarov demonstrou (com base no método dado), em 1958, o contínuo do número de azulejos distintos no espaço euclidiano de 2 dimensões (plano) por paralelogramos iguais.

Em segundo lugar, podemos escolher a translação t ao longo da reta l de modo a que num cubo (quadrado, segmento) "de menor" ladrilhamento não seja projectada a estrela de um sítio da rede (nó), mas sim a primeira coroa dos cubos em ladrilhamento "superior" por cubos, ou seja, esse cubo e todos os cubos vizinhos (pelo menos um ponto), em ladrilhamento "superior" por cubos (constituem um cubo de comprimento três vezes superior ao comprimento da aresta de um cubo com ladrilhamento inicial por cubos). A generalização seguinte é absolutamente óbvia: podemos investigar um cubo qualquer de ladrilhamento "superior" por cubos, cuja aresta de comprimento é k vezes (k-natural, $k \geq 2$) maior que a aresta de comprimento de um cubo com ladrilhamento inicial por cubos, e selecionar uma medida de translação t_k , de modo a que este cubo possa ser projetado no cubo um ladrilhamento de $t_k\left(\sum_0^{n-1}\right) = \sum_{1k}^{n-1}$ - horosfera por cubos, obtido a partir do ladrilhamento inicial por cubos de $\sum_0^{n-1}$ -horosfera. Desta forma, obtemos um número contável de diferentes politopos convexos combinatórios, cada um dos quais admite uma multiplicidade contínua de diferentes revestimentos de K.Böröczky. Por este k, podemos tomar um k ímpar (isto é, de facto, tomar uma reunião do cubo inicial e das suas primeiras $\dfrac{k-1}{2}$ coroas), e também é possível tomar um k par. Para um k par, o "telhado" ("cobertura") do politopo de ladrilhamento não face-a-face (com o corte mencionado), consistirá em cubos e para um número ímpar, algumas partes de cubos para além dos próprios cubos aparecerão no "telhado". Podemos também mencionar que também é possível cortar o poliedro de K. Böröczky com todos os hipersides de simetria deste politopo; esta observação também se refere ao poliedro de K. Böröczky generalizado mencionado.

Em terceiro lugar, nada nos impede de substituir o cubo por um paralelepípedo retangular e de utilizar as duas ideias acima mencionadas para a construção de tilings de K.Böröczky. Deste modo, temos a possibilidade de construir as coberturas de K. Boroczky, que têm n parâmetros de deformação contínuos, o que também se pode revelar útil. Em quarto lugar, é possível fazer um esforço para utilizar outras formas de construção de tilings no espaço euclidiano (plano). Por exemplo, para o caso bidimensional, é aceitável uma partição de um plano em triângulos regulares iguais (são também possíveis outras variações).

8. As afirmações gerais relativas ao ponto Delone (r, R) -Sets e Delone tilings

Mencionamos mais uma caraterística importante das ordenações de Böröczky: dão uma construção n-dimensional simples de ordenações do espaço hiperbólico $n\Lambda^n$ em politopos finitos iguais. Esta caraterística das formações consideradas permite provar construtivamente algumas afirmações gerais relativas, por exemplo, aos conjuntos pontuais de Delone e às formações de Delone (e, consequentemente, às formações de Dirichlet-Voronoi) [16].

Recordemos que (r, R) - Conjuntos ou um sistema (Conjuntos) Delone chama-se um conjunto E de pontos do espaço de curvatura X^n , que tem as duas propriedades seguintes: 1) distância (r - discreta) de qualquer ponto A do E a qualquer outro ponto B deste sistema não é menor que o número r (em outras palavras: as esferas de raio $\frac{r}{2}$ com os centros nos pontos do sistema formam empacotamentos); 2) distância (*R-homogénea*) de qualquer ponto do espaço ao ponto mais próximo do sistema E não excede o número R (em outras palavras: esferas fechadas de raio R centradas nos pontos do sistema formam um espaço X^n de cobertura). Por outras palavras, um subconjunto E de X^n é chamado um conjunto Delone, se existirem números $R > r > 0$, tais que cada bola de raio R contém pelo menos um elemento de E , e cada bola de raio r contém no máximo um elemento de E . O poliedro Delone (*L-polítopo*) do sistema Delone E designa-se por politopo n-dimensional e é o casco convexo de um subsistema finito de pontos (r, R) -sistema, na condição de todos os pontos dos subsistemas se situarem na mesma esfera $(n-1)$ - dimensional, vazia no interior dos pontos do sistema (e designada por *L-esfera* do (r, R) -sistema Delone). A construção de mosaicos de Delone em politopos de Delone, correspondentes a um dado (r, R) sistema, é descrita visualmente pelo método da esfera vazia. A métrica para o dual L-Delone tiling é um tiling do Dirichlet-Voronoi (*DV-* iling) determinado pelo sistema Delone. Recordemos que o domínio de Dirichlet-Voronoi (*domínio DV*, célula de Dirichlet-Voronoi, região) do ponto A do sistema (r, R) E é o conjunto dos pontos do espaço X^n , afastados de um ponto A não mais do que de outros pontos do sistema (r, R) E . Não é difícil provar que *DV-célula* - o politopo convexo finito com um número finito de faces; o conjunto *DV-domínios* (célula) forma um mosaico face-a-face do espaço X^n , metricamente dual ao *mosaico L* (face *k-dimensional* do *mosaico* DV, preservando reciprocamente a incidência, encontra-se bastante ortogonal a uma face$(n-k)$ -dimensional do *mosaico L*). Que o sistema Delone do *espaço* nΛ^n é localmente finito, e que a relação não excede o número dois, prova-se exatamente com os mesmos argumentos que no espaço de Euclides. Usando uma tiling de Böröczky, provamos as duas afirmações seguintes.

A afirmação 1. *O sistema Delone no espaço hiperbólico de dimensão nΛ^n é contável.*

A afirmação 2. *A relação dos parâmetros $\frac{r}{R}$ do sistema Delone no espaço hiperbólico pode ser arbitrariamente pequena.*

Uma prova da afirmação 1. Que o(r, R) -sistema no espaço hiperbólico é infinito, prova-se tão facilmente como no espaço nE^n (constrói-se um sistema contável disjunto de bolas fechadas homogéneas, com os centros sobre a reta arbitrariamente escolhida, e observa-se que a cada uma das bolas pertence, em *R-homogéneo*, pelo menos um ponto do(r, R) -sistema e, consequentemente,(r, R) -sistema não inferior ao contável).

Para provar que o(r, R) -sistema no espaço Λ^n não é mais do que contável, tomamos a tiling (clássica) de Böröczky do espaço hiperbólico $n\Lambda^n$. De acordo com uma construção, consiste num número contável de poliedros convexos iguais e finitos. Mas cada um destes poliedros pode ser coberto por esferas abertas de raio R com centros em pontos, pertencentes ao poliedro de Böröczky em consideração. A partir desta cobertura aberta de um poliedro de Böröczky é possível selecionar uma subcobertura finita. Fechando bolas dessa subcobertura, obtém-se uma cobertura do poliedro de Böröczky por um número finito de bolas R fechadas. Em cada uma destas bolas há apenas um número finito de pontos no sistema(r, R) (o sistema(r, R) é localmente finito). Assim, e a cada polítopo da tiling de Böröczky pertence apenas um número finito de **pontos-**(r, R) -sistema. Assim, e todo o conjunto de pontos do sistema(r, R) não é mais do que contável.

Uma prova da afirmação 2. Consideremos a tiling (clássica) de Böröczky do espaço hiperbólico $n\Lambda^n$. Seja o ponto A *um* nó (vértice) de um cubo da horosfera "superior" e seja a estrela deste nó projectada num cubo da "telha cubo" da horosfera "inferior". Note-se que a estrela destes vértices é considerada B_i do mosaico de cubos diametralmente opostos ao nó A (ou seja, as extremidades vêm de A das diagonais espaciais dos cubos incidentes no vértice A). Descrevemos uma bola à volta de cada um desses vértices (raio suficientemente pequeno δ) e consideramos a intersecção dessas bolas com

36

o poliedro de Böröczky. Em cada uma das intersecções, vamos anotar um ponto C_i, $C_i \neq B_i$, depois vamos transportar, de acordo com um algoritmo de construção da tiling de Boroczky, estes pontos C_i em todos os politopos da tiling. É óbvio que a distância mais curta r entre dois pontos construídos (r, R) -sistemas não excede o número 2δ e que, ao mesmo tempo, o valor R de uma bola homogénea deste sistema é facilmente estimado a partir de uma constante inferior, dependendo apenas do comprimento a da aresta do "cubo de azulejos" e da dimensão n. Devido à escolha arbitrária do número δ , a razão $\dfrac{r}{R}$ pode ser arbitrariamente pequena.

9. Um limite superior para o número de faces de um n - azulejo hiperbólico dimensional

Em [16] indica-se que "esta propriedade notável da tiling de Böröczky pelo espaço hiperbólico $n\Lambda^n$ será útil para a investigação de outras questões de geometria discreta do espaço hiperbólico". Damos um exemplo que prova este facto. Na revisão [17], entre as questões não resolvidas, especifica-se também a seguinte: se existe um limite superior para o número de faces de um mosaico tridimensional em mosaicos monoedrais? Recorde-se a terminologia utilizada em [17]. Uma *tiling* do espaço nX^n é uma família contável de subconjuntos fechados de X^n, os azulejos da tiling, que cobrem X^n sem lacunas nem sobreposições, ou seja, os interiores dos azulejos são par a par disjuntos. Um *poliedro* é chamado *azulejo* se, a partir das suas cópias, for possível recolher o azulejo; *recordemos* que um azulejo é *monoedral* (com um único protótipo isométrico), se todas as suas células forem congruentes aos pares (sendo estes azulejos em que cada azulejo é congruente a um único azulejo); recordar que um politopo complexo que é o prototilo de uma mosaico *isoedral* se chama *estereoedro*; nas duas primeiras definições não há restrições quanto ao tipo de mosaico (isoedral, face-a-face).

Se considerarmos esta questão numa classe de tilings isoédricos não face-a-face do espaço euclidiano de 3 dimensões E^3, então a resposta pode ser encontrada mesmo no trabalho de A.M. Zamorzaev ([3], ver também o exemplo ilustrado na Fig. 3, e explicações para o mesmo; a partir de um contexto é claro n - dimensão de uma construção). Se considerarmos a mesma questão numa classe de tilings isoédricos face-a-face do espaço euclidiano nE^n, então, como assinala o autor em [18], a resposta é também bastante óbvia. No entanto, em contraste com os casos hiperbólico e esférico, o número total de $(n-1)$ -faces num espaço euclidiano n-dimensional preenchido com faces é limitado por uma constante $c(n)$ (ou seja, um limite superior para a constante), isto é, o limite superior das faces do estereocedro decorre do teorema básico de Delone-Sandakova sobre os tilings isoedrais (transitivos) do espaço, [4]. Delone: uma prova do teorema fundamental da teoria dos estereocedros - estabelece o limite superior para o número de faces de ladrilhos em tilings isoédricos face-a-face de espaços tridimensionais e de dimensão superior.

Como se mostra em [19], o número de faces de um estereocedro regular normal (face a face) no espaço 3 hiperbólico é ilimitado. Consequentemente, deste resultado decorre um número ilimitado de faces do estereocedro tridimensional não-normal (não face-a-face) do espaço hiperbólico 3 (a prova de um raciocínio semelhante para os tilings cristalográficos n-dimensionais não-compactos (co-compactos) do *espaço* hiperbólico $n\Lambda^n$, como indicado acima, é bastante difícil e pouco útil).

Para a classe dos ladrilhamentos anisoédricos (irregulares) do espaço hiperbólico n-dimensional, a prova da existência de um número ilimitado de faces no ladrilho é relativamente fácil e construtiva, se utilizarmos a generalização acima especificada das construções de Böröczky. De facto, se seleccionarmos a translação *t* ao longo da reta *l* de modo a que num cubo da mosaico "inferior" não seja projetado um nó estrela, mas sim a *k-ésima* coroa do cubo da "mosaico superior" (um cubo cuja aresta é $(2k+1)$-vezes maior que a aresta do cubo da mosaico inicial, ver Figura 10, $k = 1$), então é óbvio que o poliedro de Böröczky generalizado *n-dimensional* resultante dessa mosaico terá (devido à escolha arbitrária de *k*) um número infinitamente grande de faces.

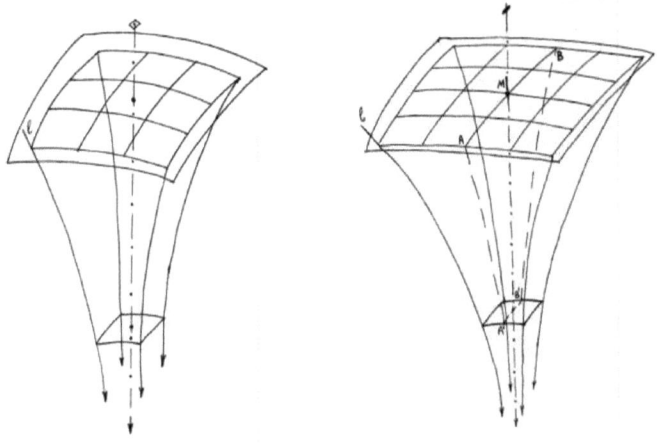

Figura. 10 Figura.11

É igualmente claro que obteremos um resultado semelhante, e se escolhermos a translação *t*, de modo a que num cubo do mosaico "inferior" fosse projetado o cubo do mosaico "superior", consistindo em k^3 cubos geodésicos deste mosaico, isto é, tendo um comprimento de aresta em *k* - vezes maior que o comprimento de aresta de um cubo geodésico (ver Figura 11, $k = 4$). Tomamos assim *k* par e cortamos o mosaico de qualquer um dos seus hiperplanos de simetria. Efectuaremos este corte em cada azulejo da camada horosférica por meio de um grupo de deslocamentos horocíclicos gerados por translações horocíclicas, definidas por arestas do cubo geodésico "inferior" (isto é, de facto, com a ajuda de um grupo, isomorfo em $(n-1)$ - dimensional grupo de translações para a horosfera "inferior"). Se a camada horosférica resultante for mapeada (multiplicada) por um grupo $< t >$, obteremos um mosaico isoédrico não face a face do espaço hiperbólico n Λ^n . O número de faces deste mosaico deste mosaico anisoédrico não face a face do espaço n hiperbólico Λ^n (como é óbvio, dada a arbitrariedade da escolha de k) pode ser arbitrariamente grande. Assim, uma construção generalizada da telha de Böröczky deu-nos a possibilidade de provar o seguinte teorema:

Teorema 6. *No mosaico monoedral anisoedral (tanto face a face como não face a face) de um espaço hiperbólico n-dimensional Λ^n não existe um limite superior global (isto é, (alguma constante $c(n)$) dependendo apenas de n) do número de faces de um mosaico n-dimensional, isto é, qualquer que seja o número que se possa especificar nesse mosaico a partir das classes consideradas, o mosaico que terá um número de faces superior a L.*

Notemos, finalmente, que em $n = 2$, isto é, no plano hiperbólico, a prova é simplificada.

10. Sobre as coroas em tilings face-a-face e não-face-a-face do espaço hiperbólico

Dado um mosaico, uma coroa sobre um mosaico P é, grosso modo, um tipo especial de complexo finito dos mosaicos que circundam o mosaico P. A *k-ésima* coroa de um mosaico P é a coleção de todos os mosaicos do mosaico que podem ser alcançados a partir do mosaico P em, no máximo, k passos através das facetas do mosaico. Considere-se um vértice arbitrário A_1 da telha. O conjunto de todos os politopos que contêm A_1 chama-se coroa de vértices de A_1. Ou, a coroa de vértices de um vértice A_1 é este vértice A_1 juntamente com os seus azulejos incidentes. Os ladrilhos em que todas as coroas de vértices são congruentes chamam-se ladrilhos monocoronais. Em geral, as coberturas monocoronais que não são periódicas ou aperiódicas não são transitivas em relação aos vértices. A telha de Böröczky é uma telha com coroa de vértice única.

Também se pode perguntar se é possível classificar as coberturas monocoronais no espaço hiperbólico. Por exemplo, podemos perguntar: é verdade que toda a telha monocoronal do espaço hiperbólico Λ^n é cristalográfica. É mais fácil responder a esta pergunta para os espaços hiperbólicos do que para o espaço euclidiano, uma vez que existe uma família de revestimentos não cristalográficos de Λ^n com uma única coroa de azulejos. Esta tiling pode ser usada para construir tilings com coroa de vértices única, ou seja, tilings monocoronais. **Teorema 7.** Existe um mosaico não-cristalográfico face-a-face do espaço hiperbólico $n\Lambda^n$ que é monocoronal até à congruência.

Aqui mostramos a construção para o plano hiperbólico Λ^2. Uma construção análoga funciona para uma dimensão arbitrária. A tiling de Böröczky (uma das) por pentágonos iguais para o plano hiperbólico Λ^2 é uma tiling não cristalográfica. A figura 12 mostra uma representação esquemática desta tiling como uma tiling da representação de Λ^2 como semi-plano inferior.

41

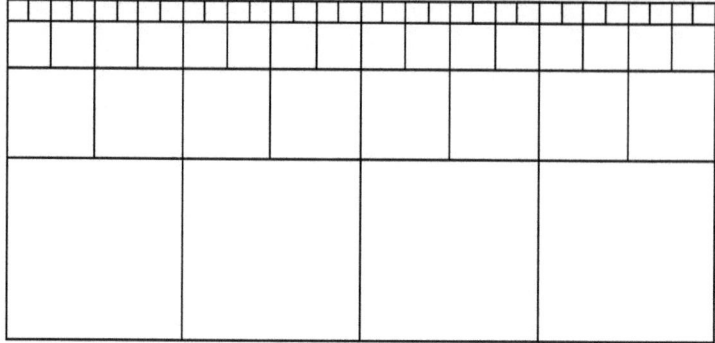

Figura 12. Exemplo de mosaico de Böröczky

Especificamente, para $n \geq 2$, existe um poliedro de Böröczky P_n com $(n^2 + 5)$ facetas (ver Figura 13), que se inscreve no espaço hiperbólico de 3 dimensões Λ^3 .

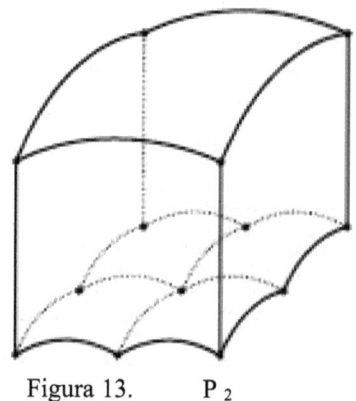

Figura 13. P_2

É fácil ver que este mosaico de Böröczky não é monocoronal. Mas cada azulejo está rodeado por outros azulejos da mesma forma, pelo que podemos utilizá-lo para construir um mosaico monocoronal. Construímos o mosaico duplo tomando os baricentros dos mosaicos iniciais como vértices de um novo mosaico, que são cascos convexos de vértices correspondentes a mosaicos "antigos" "incidentes num vértice "antigo".

42

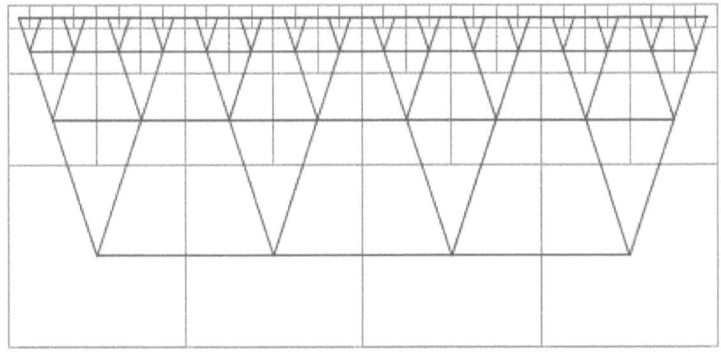

Figura 14. Dupla da telha de Böröczky

Para ladrilhos arbitrários, esta construção não produz necessariamente um ladrilho (frente a frente), mas no caso do ladrilho de Böröczky funciona. Os baricentros dos ladrilhos de uma "camada horizontal" situam-se num horociclo (horosfera em Λ^n). Assim, os azulejos da dupla telha formam uma estrutura de camadas entre horociclos vizinhos. Além disso, esta telha é uma telha monocoronal, uma vez que na telha original todas as primeiras coronas de azulejos são congruentes. O mosaico duplo é não cristalográfico, pois o mosaico inicial de Böröczky era não cristalográfico.

O Teorema 7 mostra que as coberturas face-a-face no espaço hiperbólico Λ^n que são monocoronais até à congruência podem ser não-cristalográficas (num sentido bastante estrito: o seu grupo de simetria é finito). Uma simetria de um mosaico é uma isometria que mapeia o mosaico para si próprio. Podem também ser cristalográficas para um pequeno n , qualquer mosaico regular de Λ^n é um exemplo. A mesma questão em relação aos mosaicos monocoronais até aos movimentos rígidos está ainda em aberto: As coroas de vértices das coberturas da Figura 14 são congruentes, mas não diretamente congruentes. Também pode ser interessante estudar a situação nos análogos de dimensão superior das formigueiros de Böröczky.

Além disso, mostra-se que, no plano hiperbólico Λ^2 , com qualquer p natural, há inclinações anisoédricas (irregulares) (tanto normais como face a face, e também não face a face) em p -ângulos, ou seja, em qualquer caso $p \in N$, há um p -ângulo com uma coroa de raio k arbitrariamente grande e afirmações semelhantes são dadas para dimensões elevadas $n \geq 3$ de espaços hiperbólicos.

43

Seja uma telha do plano em polígonos congruentes a um polígono P. Todos os polígonos da telha que têm pontos de fronteira comuns com P formam uma coroa de raio 1. Todos os polígonos de partição que têm pontos (limites) comuns com polígonos de uma coroa de raio 1, juntamente com uma coroa de raio 1, formam uma coroa de raio 2. Uma coroa de raio k (k-ésima coroa de um mosaico) é definida como a coexistência complexa dos polígonos da coroa de raio $k-1$ e de todos os outros polígonos da partição adjacentes aos primeiros polígonos. Em qualquer ladrilhamento do plano por polígonos finitos existem coroas de raio arbitrariamente grande, isto é, cópias do polígono P podem ser usadas para montar uma coroa de raio arbitrariamente grande.

A afirmação 3. *No plano hiperbólico Λ^2 , para qualquer $p \in N$ e qualquer $q \in N(p > 3, q \geq 7)$, existe uma tiling isoédrica do plano hiperbólico Λ^2 em p-ângulos (regulares)* convergentes (ver [13]) nos nós em q cópias e, portanto, para qualquer $p > 3$ existe um p-ângulo (por exemplo, regular) com uma coroa de qualquer raio k .

Uma afirmação semelhante é também verdadeira para as coberturas anisoédricas do plano hiperbólico Λ^2 , o que decorre obviamente das observações que indicam as direcções de uma possível generalização das coberturas de Böröczky[14].

Em dimensão 2, o enunciado para as coberturas anisoédricas é quase literalmente o mesmo que a formulação acima para as coberturas isoédricas. Nomeadamente, se for dado $p \in N$, $p \geq 5$, então existe uma tiling anisoédrica do plano hiperbólico Λ^2 em p-ângulos, ou seja, para qualquer p existe um p-ângulo com uma coroa de qualquer raio k.

De facto, seja dado um número $p \geq 5$. Tomemos e construamos um p-ângulo de Böröczky, de modo a que as suas $p - 3$ arestas superiores sejam projectadas numa inferior. Tendo construído um mosaico de Böröczky [14] em polígonos deste tipo, vemos que a k-ésima coroa de qualquer polígono está inteiramente contida numa circunferência de raio $\left(k + \dfrac{1}{2}\right) \cdot d$,onde d é o diâmetro do *ângulo k.*

Para espaços hiperbólicos de dimensão elevada $n \geq 3$ a afirmação 3 muda ligeiramente.

A afirmação 4. *Para qualquer número natural p existe um número natural p', $p' > p$ de modo que, existe uma tiling anisoédrica do espaço hiperbólico em p' -poliedros iguais (poliedros com p' facetas) e,*

44

consequentemente e portanto, uma coroa de qualquer raio para tais p' - poliedros.

O mesmo é válido para a estimativa inferior: para um número natural suficientemente grande $p \in N$ existe um número $p'' \in N$, $p'' < p$ tal que existe uma tiling do espaço hiperbólico Λ^n por p'' - poliedros (poliedros com p'' facetas) que é um p'' -poliedro tem uma coroa de qualquer raio.

No trabalho [15] é indicado como se podem obter diferentes tilings anisoédricos não-faciais a partir de tilings Böröczky faciais.

É óbvio que as afirmações anteriores (para generalizações de tilings de Böröczky face-a-face) podem ser facilmente reformuladas para os casos de tilings de Böröczky não-face-a-face.

BIBLIOGRAFIA

1. Fedorov E.C. *Os Elementos da Teoria dos Números.* São Petersburgo, 1885.

2. Gosset T. *Sobre as figuras regulares e semi-regulares no espaço de n-dimensões.* Mensageiro de Matemática. V.29, 1900, p.43-48.

3. Zamorzaev A.M. *On a tile-transitive non-face-to-face tilings of the Euclidean space.* DAN URSS, Fiz.-Mat. I Tehn. Nauki, 1965, V.161, №.1, p. 30-32.(em russo)

4. Delone B.N., Sandakova N.N. *Teoria dos estereohedros.* Proc. Steklov Math. Inst. 64, 1961. p. 28-51. (em russo)

5. Balcan V.V. *On a regular non-normal partition of Lobachevsky space by non-compact (cocompact) polytopes.* Izv. Akad. Nauk. Moldov. SSR, Matemática, 1990, №.3, p.73-76. (em russo)

6. Venkov B.A. *Sobre um grupo de automorfismo aritmético de forma quadrática não-definida.* Izv. Akad. Nauk. URSS, Matemática, 1937, № 2, p. 139-170.

7. Makarov V.S. *Métodos geométricos de construção de grupos discretos de movimentos do espaço de Lobachevsky.* Problemas em geometria. Vol. 15, p. 3-59. Itogi Nauki I Tehniki, Acad. Nauk USSR Vsesoyuz. Inst. Nauki I Tehniki Inform., Moscovo, 1983. (em russo)

8. Böröczky K. *Gombkitoltesek allando gorbuletu terekben.* I, II. Matematikai Lapok 25, 1974, p.265-306, e 26, 1975, p. 67-90.

9. Makarov V.S. *Sobre uma partição não regular de um espaço Lobachevsky n-dimensional por politopos congruentes.* Trudy Math. Inst. Steklov 196, 1991, p.93-96; Traduzido em: Proc. Steklov Inst. Math., 1992, №4, p.103-106. (em russo)

10. Hilbert D. *Mathematische probleme.* Archiv. Math.Phus. 1, 1901, p.44-63, 213-237. Tradução (em russo), M. Nauka, 1969.

11. *Reinhardt K.* Zum Zerlengung der euklidischen Raume in kongruente Polytope, Sitzungsberichte der Preuss. Akademie der Wissenschaften Berlin, (1928) 150-155.

12. *Heesch H.* Aufbau der Ebene aus kongruenten Bereichen,Nachr. Ges. Wiss. Gottingen, New Ser, 1, (1935) 115-117.

13. *Coxeter H.*S.M. Favos de mel regulares no espaço hiperbólico. - Proc. ICM 1954, vol.3, Groningen-Amsterdão, 1956, p.155-169.

14. Balcan V.V., Makarov V.S. *Sobre a não transitividade de azulejos e não face-a-face de um espaço Lobachevsky n-dimensional por politopos*

congruentes. Internat. Conf., 28-29 septembrie, 2007, V.II, ASEM, Chisinău, p.394-398. (em russo)

15. Balcan V.V., Makarov V.S. *Sobre as propriedades dos tilings de Boroczky em espaços hiperbólicos n-dimensionais* Λ^n. Annales-universitatis scientiarum ASEM, №6, ASEM, Chisinău, 2008, p.384-388. (em romeno)

16. Makarov V.S., Balcan V.V. *Sobre uma propriedade notável de Boroczky tilings para Lobachevsky n- espaço* Λ^n. Annales-universitatis scientiarum ASEM, №7, ASEM, Chisinău, 2009, p.434-437. (em romeno)

17. Dolbilin N.P. *The tiling of space into polytopes.* Trudy II All-Russia Research School "Estudos matemáticos em cristalografia, mineralogia e petrografia". Apatity: Izd-vo "K&M", 2006. p.7-18.

18. Dolbilin N.P. *Teoria local de complexos poliédricos.* Trudy III All-Russia Research School "Estudos matemáticos em cristalografia, mineralogia e petrografia". Apatity: Izd-vo "K&M", 2007. p.28-44.

19. Makarov V.S. *Sobre uma classe de decomposições do espaço de Lobachevsky.* DAN USSR, 1965, v.161, № 2, p.277-278.

20. Balcan V.V., *Despre coroanele a descompunerilor faţă în faţă (normal) şi nu faţă în faţă (non-normal) ale spaţiului hiperbolic.*/Vladimir Balcan, Conferinţa Ştiinţifică Internaţională "Competitivitatea şi inovarea în economia cunoaşterii", (25-26 septembrie 2009), 2009, Vol. 2, P. 52-53.

Apêndice. Explorações em geometria hiperbólica

Qual é o caminho mais curto entre dois pontos A e B na geometria hiperbólica? Mais uma vez, sejam A e B pontos distintos. Em vez de fixarmos um ponto, podemos fixar uma reta l abaixo de A e B. Se m é a bissetriz perpendicular do segmento euclidiano AB, então m ou intersecta l num ponto C ou é paralela a l (mais uma vez, no sentido euclidiano). No primeiro caso, temos uma circunferência Γ única que passa por A e B com C como centro. No segundo caso, temos uma semi-reta n que emana perpendicularmente de l e que contém A e B. Em qualquer dos casos, temos uma forma de definir segmentos de reta para todos os pontos situados no semiplano acima (ver Figura 1) da reta l.

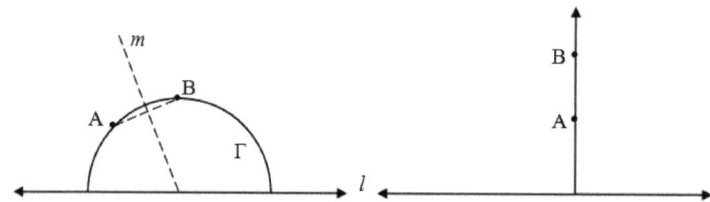

Figura 1. O modelo de meio plano para a geometria hiperbólica

Agora, seja m uma reta no plano hiperbólico e seja P um ponto não situado em m (ver Figura 2). Designamos os pontos extremos de m por A e B. Podemos construir o segmento de reta euclidiano PA e depois bissectá-lo perpendicularmente. Se esta bissetriz perpendicular intersecta a reta l, então podemos utilizar este ponto de intersecção como centro de uma circunferência e construir a reta hiperbólica n que passa por P e A (embora A não esteja no plano hiperbólico, isto é importante!) As circunferências euclidianas m e n encontram-se no ponto A, e aí são ambas ortogonais à reta l, o que significa que se encontram tangencialmente. Isto significa que A é o único ponto em que se encontram. Mas A está tecnicamente fora do plano hiperbólico, pelo que necessariamente m e n *não se encontram* no plano hiperbólico. Assim, por definição, são rectas hiperbólicas paralelas. Se a bissetriz perpendicular de PA *não intersecta* a reta l, então podemos construir a semi-reta de A a P. Esta é uma reta hiperbólica que intersecta m apenas no ponto A, e portanto é também paralela a m em geometria hiperbólica. Um pouco mais de estudo permite

48

descobrir um número infinito de paralelas a *m* através de *P* (ver Figura 3). Na geometria hiperbólica temos algumas rectas paralelas que divergem (como *m* e *n* na Figura 2) numa direção mas convergem na outra, e temos outras rectas paralelas que divergem em ambas as direcções. As rectas *paralelas são* ultraparalelas *se divergirem em ambas as direcções, e são* assimptoticamente paralelas *se convergirem numa direção.*

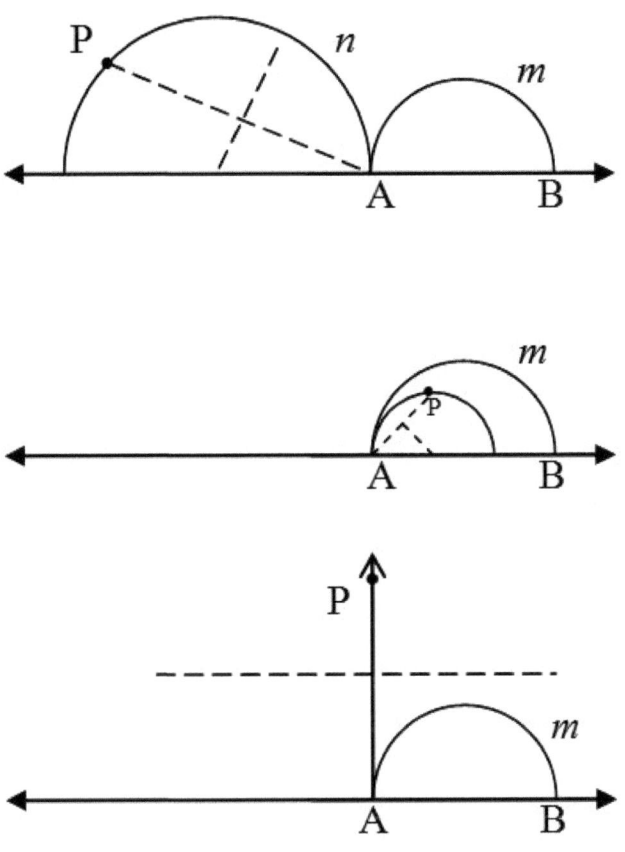

Figura 2. Construção de um paralelo (três casos)

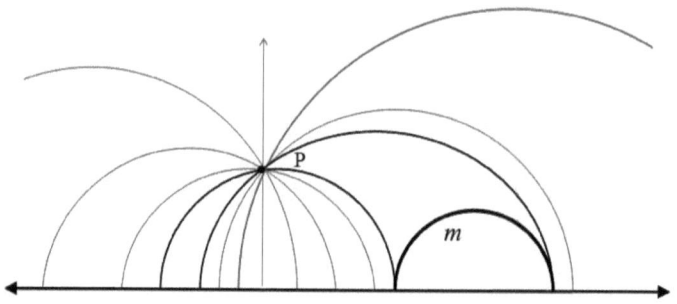

Figura 3. Muitas rectas que passam por *P* paralelas a *m*

Intuitivamente, se pensarmos numa transversal muito pequena (no sentido dos círculos euclidianos), esta criará um ângulo em relação a *m* que é quase zero e um ângulo correspondente em relação a *n* que é quase dois ângulos rectos (ver Figura 4). Agora, deixamos o raio da circunferência transversal (ou seja, a reta hiperbólica) crescer até que seja quase a maior transversal possível. Neste caso, o ângulo na mesma posição que antes é quase dois ângulos rectos em relação a *m* e é quase zero em relação a *n*. *A desigualdade foi trocada!* Como este processo de crescimento foi contínuo, pelo teorema do valor intermédio, existe uma transversal *p* que cria ângulos correspondentes iguais. Assim, *m* e *n* são transportes paralelos ao longo de *p*. É importante notar que o argumento falha para rectas assimptoticamente paralelas. Isto deve-se ao facto de os ângulos no caso "mais pequeno" serem quase um ângulo reto e, portanto, não passarem de zero a dois ângulos rectos nem vice-versa, pelo que não podemos aplicar o teorema do valor intermédio da mesma forma.

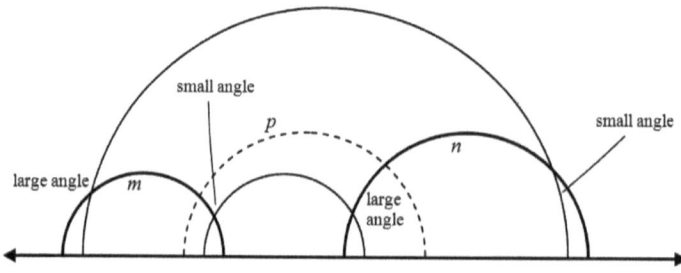

Figura 4. Paralelos e transversais extremas

Farkas Bolyai, o pai de János Bolyai, tentou provar o postulado de Playfair (que é equivalente ao quinto postulado de Euclides) da seguinte forma Seja *l* uma reta e seja *P* um ponto qualquer não situado em *l*. Trace uma perpendicular de *P* a *l*, atingindo *l* no ponto *Q*. Construa a reta *m* perpendicular a *PQ* no ponto *P*. Queremos mostrar que *m* é a única reta que passa por *P* paralela a *l* (sabemos que é paralela pela exploração do triângulo). Assim, seja *n* uma reta que passa por *P* distinta de *m*. Temos de mostrar que *n* intersecta *l*. Seja *A* um ponto qualquer entre *P* e *Q*, e seja *B* o único ponto em que *Q* está sobre *AB* e *AQ* = *QB*. Seja *R* o pé da perpendicular de *A* a *n*, e seja *C* o único ponto em que *R* está sobre *AC* e *AR* = *RC* (ver Figura 5). Sabemos que *A*, *B* e *C* não são colineares porque então *R* e *P* coincidiriam, contradizendo a distinção entre *n* e *m*. Logo, existe uma circunferência única que contém *A*, *B* e *C*. Como *l* é a perpendicular bissetriz da corda *AB* e *n* é a perpendicular bissetriz da corda *AC*, *l* e *n* encontram-se necessariamente no centro da circunferência. Portanto, *m* é a única paralela a *l* *que* passa por *P*.

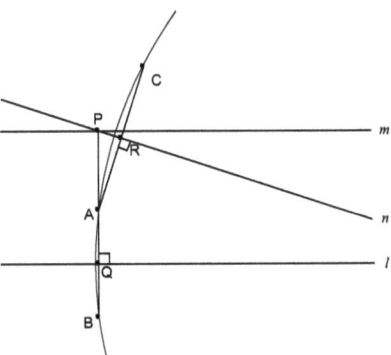

Figura 5. Construção de Farkas

Ao longo das nossas explorações utilizámos o modelo de meio plano para a geometria hiperbólica. Este modelo inclui uma linha de fronteira que representa o infinito no plano hiperbólico. A compactificação num ponto deste semiplano e da sua linha de fronteira resulta no modelo do disco de Poincaré, em que as linhas hiperbólicas são arcos de circunferências que intersectam ortogonalmente a circunferência de fronteira. Os ângulos neste modelo, tal como no modelo do semi-plano, são conformes. O modelo do disco de Beltrami-Klein também utiliza um círculo limite que representa o infinito; no entanto, as rectas hiperbólicas são cordas do círculo limite em vez de arcos. Isto permite uma compreensão mais fácil da colinearidade, mas os ângulos são distorcidos.   Pode demonstrar-se, através da geometria projectiva, que todos estes modelos são isomorfos.

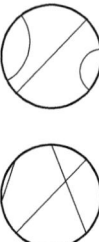

Figura 6. Modelos de Poincare e Beltrami-Klein

Printed by Books on Demand GmbH, Norderstedt / Germany